机械智能制造技术探究

曹怀明　崔永存　黄馀坤◎著

吉林科学技术出版社

图书在版编目（CIP）数据

机械智能制造技术探究／曹怀明，崔永存，黄馀坤
著 . -- 长春：吉林科学技术出版社，2024. 8. -- ISBN
978-7-5744-1810-3

Ⅰ. TH164

中国国家版本馆 CIP 数据核字第 2024XT5778 号

机械智能制造技术探究

著	曹怀明　崔永存　黄馀坤
出 版 人	宛　霞
责任编辑	赵海娇
封面设计	金熙腾达
制　版	金熙腾达
幅面尺寸	170mm×240mm
开　本	16
字　数	220 千字
印　张	14
印　数	1~1500 册
版　次	2024年8月第1版
印　次	2024年12月第1次印刷

出　版	吉林科学技术出版社
发　行	吉林科学技术出版社
地　址	长春市福祉大路5788 号出版大厦A 座
邮　编	130118
发行部电话/传真	0431-81629529 81629530 81629531
	81629532 81629533 81629534
储运部电话	0431-86059116
编辑部电话	0431-81629510
印　刷	三河市嵩川印刷有限公司

书　号	ISBN 978-7-5744-1810-3
定　价	86.00元

前　言

在21世纪的科技洪流中，人类社会步入了加速创新的时代，其中最为引人瞩目的莫过于智能制造的崛起。它不仅是技术层面的一场革新，更是全球工业体系深层次的结构性变革，预示着第四次工业革命的全面到来。这场革命的核心在于将物理世界与数字世界的界限模糊，开创了一个高度集成、智能响应的生产新模式。传统机械制造行业在这一波浪潮中迎来了脱胎换骨的转变。智能化改造使得生产流程更加自动化、精确化，减少了人为错误，提高了生产效率和产品质量。网络化则打破了工厂的物理边界，实现了供应链上下游的无缝对接，以及远程监控和维护，使得全球范围内的资源配置更加高效。绿色化转型则是对可持续发展目标的积极响应，通过节能技术、循环经济模式的应用，减少了资源消耗和环境污染，推动了制造业向环境友好型转变。这一系列变革不仅限于技术层面，更为重要的是对整个产业结构产生了深远影响。智能制造推动了产业链上下游的重构，催生了新的业态和商业模式，如个性化定制、服务型制造等，增强了企业的竞争力和市场适应性。同时，它也对劳动力市场提出了新的要求，促使人才结构向高技能、创新型方向转型，为社会创造了新的就业机会和增长点。

本书主要研究机械智能制造技术，笔者从机械制造基础理论介绍入手，针对机械制造加工技术进行了分析研究；另外，本书还展开分析了机械智能制造，突出了机械智能制造要素的主线。首先对机械智能制造核心技术做了一定的介绍；其次，重点讲解了机械智能制造系统，再次，分析了机械制造与自动化；最后，阐释了智能制造与工业机器人。

本书旨在深入探索机械智能制造领域的最新进展与关键技术，为读者构建一个全面、系统的知识框架，并适合机械类专业的学生、科研人员及工程技术人员阅读，能为他们提供一份宝贵的参考资料。

在该书的孕育与成书过程中，作者深受众多学术先驱与业界专家智慧的启迪，并有幸获得了广泛的支持与帮助。在此向所有为本书贡献智慧光芒的同人致以最真诚的感谢。鉴于时间的紧迫与个人认知的局限，本书虽力求精准、全面，却难免存在疏漏与不足之处，希望广大读者不吝赐教。

目 录

第一章　机械制造综述

第一节　机械制造概述

一、机械制造与制造业

（一）机械制造的含义

机械是现代社会进行生产和服务的六大要素（人、资金、能量、信息、材料和机械）之一，并且能量和材料的生产还必须有机械的直接参与。机械就是机器设备和工具的总称。它贯穿现代社会的各行各业，甚至是各个角落，任何现代产业和工程领域都需要应用机械。例如，农民种地需要农业机械，纺纱需要纺织机械，压缩饼干、面包等食品需要食品机械，炼钢需要炼钢设备，发电需要发电机械，交通运输业需要各种车辆、船舶、飞机，等等；各种商品的计量、包装、存储、装卸需要各种相应的工作机械，就连人们的日常生活，也离不开各种机械，如汽车、手机、照相机、电冰箱、钟表、洗衣机、吸尘器、多功能按摩器、跑步机、电视机、计算机等。总之，现代社会进行生产和服务的各行各业都需要各种不同功能的机械，人们与机械密不可分。

人们熟知并能够体会到不同机械和工具的重要性。由此也产生了"机械从何而来"的疑问。事实上，它是靠人们的聪明才智制造出来的。"机械制造"也就是"制造机械"，这就是制造的最根本的任务。因此，广义的机械制造就是围绕机械的产出所涉及的一切活动，即利用制造资源（设计方法、工艺、设备、工具和人力等）将材料"转变"成具有一定功能的、能够为人类服务的有用物品的全过程和一切活动。显然，"机械制造"是一个很大的概念，也是一门内容广泛的知识学科和技术，而传统的机械制造则泛指机械零件和零件毛坯的金属切削加工（车、铣、刨、磨、钻、镗、线切割等加工）、无切削加工（铸造、锻压、焊接、热处理、冲压成型、挤压成型、激光加工、超声波加工、电化学加工等）和零件的装配成机。

制造业是将制造资源（物料、能源、设备、工具、资金、技术、信息、人力等），通过一定的制造方法和生产过程，转化为可供人们使用和利用的工业品与生活消费品的行业，是国民经济和综合国力的支柱产业。

制造系统是制造业的基本组成实体，也是制造过程及其所涉及的硬件、软件和人员组成的一个将制造资源转变为产品的有机整体。

机械是制造出来的，由于各行各业的机械设备不同、种类繁多，因此，机械制造的涉及面非常广，冶金、建筑、水利、机械、电子、信息、运载和农业各个行业都要有制造业的支持，冶金行业需要冶炼、轧制设备；建筑行业需要塔吊、挖掘机和推土机等工程机械。制造业在我国一直占据重要地位，在 20 世纪 50 年代，机械工业就分为通用、核能、航空、电子、兵器、船舶、航天和农业等八个部门。进入 21 世纪，世界正在发生极其广泛和深刻的变化，随之牵动的机械制造业也发生了翻天覆地的变化。但是，不管世界如何变化，机械制造业一直是国民经济的基础产业，它的发展直接影响到国民经济各部门的发展。

（二）机械制造生产过程

在机械制造厂，产品由原材料到成品之间的全部劳动过程称为生产过程。它包括原材料的运输和存储、生产准备工作、毛坯的制造、零件的加工与热处理、部件和整机的装配、机器的检验调试以及油漆和包装等。一个工厂的生产过程，又可分为各个车间的生产过程。一个车间生产的成品，往往又是另一车间的原材料。例如，铸造车间的成品（铸件）就是机械加工车间的"毛坯"，而机械加工车间的成品又是装配车间的原材料。

机器的生产过程中，直接改变毛坯的形状、尺寸和材料性能使其成为成品或半成品的过程称为工艺过程。它包括毛坯的制造、热处理、机械加工和产品的装配。把工艺过程的有关内容用文字以及表格的形式写成工艺文件，称为机械加工工艺规程，简称工艺规程。

由原材料经浇铸、锻造、冲压或焊接而成为铸件、锻件、冲压件或焊接件的过程，分别称为铸造、锻造、冲压或焊接工艺过程。将铸、锻件毛坯或钢材经机械加工方法，改变它们的形状、尺寸、表面质量，使其成为合格零件的过程，称为机械加工工艺过程。在热处理车间，对机器零件的半成品通过各种热处理方法，直接改变它们的材料性质的过程，称为热处理工艺过程。最后，将合格的机器零件、外购件和标准件装配成组件、部件和机器的过程，则称为装配工艺过程。

其中，制定机械加工工艺规程在整个生产过程中非常重要。工艺规程不仅是指导生产的主要技术文件，而且是生产、组织和管理工作的基本依据，在新建或扩建工厂或车间时，工艺规程是基本的资料。在制定工艺规程时，须具备产品图纸、生产纲领、现场加工设备及生产条件等这些原始资料，并由生产纲领确定了生产类型和生产组织形式之后，才可着手机械加工工艺规程的制定，其内容和顺序如下：①分析被加工零件。②选择毛坯。制造机械零件的毛坯一般有铸件、锻件、型材、焊接件等。③设计工艺过程。包括划分工艺过程的组成、方法、安排加工顺序和组合工序等；选择定位基准、选择零件表面的加工。④工序设计。包括选择机床和工艺装备，确定加工余量，计算工序尺寸及其公差，确定切削用量及计算工时定额等。⑤编制工艺文件。

（三）机械制造生产类型

在制造之前，要根据生产车间的具体情况将零件在计划期间分批投入进行生产。一次投入或生产同一产品（或零件）的数量称为批量。

按生产专业化程度的不同，又可分为单件生产、成批生产和大量生产三种类型。在成批生产中，又可按批量的大小和产品特征分为小批生产、中批生产和大批生产三种。

若生产类型不同，则无论是在生产组织、生产管理、车间机床布置，还是在毛坯制造方法、机床种类、工具、加工或装配方法和工人技术要求等方面均有所不同。为此，制定机器零件的机械加工工艺过程、机械加工工艺的装配工艺过程以及选用机床设备和设计工艺装备都必须考虑不同生产类型的工艺特征，以取得最大经济效益。

（四）机械制造的学科分支

现代社会中任何领域都需要应用机械，其形貌不一，种类繁多，按不同的要求可以有不同的分类方法。例如，按功能，可分为动力机械、物料搬运机械、包装机械、罐装机械、粉碎机械、金属切削加工机械等；按服务的产业，可分为用于农业、林业、畜牧业和渔业的机械，用于矿山、冶金、重工业、轻工业的机械，用于纺织、医疗、环保、化工、建筑、交通运输业的机械以及供家庭与日常生活使用的机械，如洗衣机、钟表、运动器械、食品机械，用于军事国防及航空航天工业的机械等；按工作原理，可分为热力机械、流体机械、仿生机械、液压与气动机械等。另外，全部机械的整个制造过程都要经过研究、开发、设计、制造、检测、装配、运用七个工作性质不同的阶段。因此，相应的机械制造可有多种分支学科体系和分支系统，且有的分支学科系统间互相联系、互相重叠与交叉。分析这种复杂关系，研究机械制造最合理的学科体系划分，有一定的理论意义，但并无大的实用价值。对机械制造的学科划分按其服务的产业较为明朗，但不论哪个行业的机械制造，其共性是主流的，依据行业不同的特点及要求，也有其个性特点。

二、机械制造与国计民生

制造业在众多国家尤其是发达国家的国民经济中占有十分重要的位置，也是国民经济的支柱产业。可以说，没有发达的制造业就不可能有国家真正的繁荣和富强。

国民经济各个部门的发展，都离不开先进的机械与装备，如轻工机械、化工机械、电力设备、医疗器械、通信与电子设备、农业机械、食品机械等，就连人们的日常生活也不例外。先进发达的机械制造业为人们提供了优雅舒适的工作、生活和休闲娱乐环境。例如，自行车、摩托车、汽车、轿车、飞机、轮船等交通工具，电话、手机、计算机及网络工具等通信工具，冰箱、电视、空调、微波炉等现代生活用具，等等。没有发达的制造技术，这些现实生活中可以改善人们生活环境、改造自然、造福人类的先进设备便无从得来。

任何机械，大到船舶、飞机、汽车，小到仪器、仪表，都是由许多零件或部件组成的。以汽车为例，一辆汽车由车身、发动机、驱动装置、车轮等部分组成，其中每一部分又是由若干个零件或部件构成的。而不同的零部件又须用不同的材料（包括钢、塑料、橡胶和玻璃等）和不同的加工方法来制造。同样，半导体行业的电子元件和大规模集成 IC 器件、晶元芯片等也是人们制造出来的。所有这些都依赖制造业的发展，因此，机械制造关系国计民生，其在国民经济中具有举足轻重的作用。概括起来，它的主要作用有以下四个方面：

其一，机械制造业是国民经济的物质基础，也是强国富民的根本。制造业产品占中国社会物质总产品的一半以上；制造业是解决中国就业问题的主要产业领域，其本身就吸纳了中国 11.3％的从业人员，同时还有其他产业无可比拟的带动效应。机械制造的延伸背后就是服务。例如，买一辆汽车，专卖店会提供一系列后续服务，这也就创造了很多的就业岗位。任何一种机械产品，都需要售后服务，这种延伸出的服务就构成了第三产业的一部分。

其二，制造业是中国实现跨越式发展战略的中坚力量。在工业化过程中，制造业始终是推动经济发展的决定性力量。

其三，机械制造是科学技术的载体和实现创新的舞台。没有机械制造，所谓的科学技术创新就无法体现。信息技术就是以传统产业为载体的，它单独存在则发挥不出什么作用。

从历史上看，制造业的发展史就是一部科技发展史的缩影，每一项科技发明都推动了制造业的发展并形成了新的产业。比如，计算机的发明，推动了整个工业的发展。以信息技术为代表的高新技术的迅速发展，带动了传统制造业的升级。每一次产业结构的优化升级都是高新技术转化为生产力的结果。可见，高新技术及其产业也是包含于制造业中的。

其四，制造业的发展水平体现了国家的综合实力和国际竞争力。当前，世界面临的最重要的趋势之一是经济全球化，而在经济全球化中，制造业的水平直接决定了一个国家的国际竞争力和在国际分工中的地位，也就决定了这个国家的经济地位。

三、机械制造与科学探索

（一）机械制造业与太空探索

1. 机械制造业的基础作用

机械制造业为太空探索提供了必要的硬件支持。从火箭发动机到卫星组件，从航天器的外壳到内部的精密仪器，几乎所有的太空设备都离不开机械制造。这些设备需要极高的精度和可靠性，以保证在极端的太空环境中正常工作。

2. 技术创新与材料科学

太空探索推动了机械制造业在材料科学和制造技术上的创新。为了适应太空的高辐射、极端温度和微重力环境，机械制造业不断研发新型材料和制造工艺。例如高强度、轻质的合金材料，以及能够抵抗极端温差的复合材料，都是太空探索对材料科学的重要贡献。

3. 精密制造与自动化

太空设备的精密要求对机械制造业的精密制造技术提出了挑战。高精度的数控机床、激光切割和3D打印技术在机械制造业中的应用，使得制造更加复杂和精密的部件成为可能。同时，自动化生产线的引入，提高了生产效率和一致性，降低了人为错误。

4. 环境影响与可持续发展

太空探索对机械制造业的环境影响也是一个重要议题。随着对太空垃圾和地球资源的担忧增加，机械制造业开始寻求更加环保的生产方式，如使用可回收材料和减少能源消耗。此外，太空探索也促进了对可持续能源技术的研究，如太阳能电池板的改进，这些技术同样可以应用于地球上的可再生能源项目。

5. 教育与人才培养

机械制造业与太空探索的结合，为教育和人才培养提供了新的机遇。大学和研究机构通过与航天企业的合作，为学生提供了实践机会，培养了一批具有创新能力和实践经验的工程师和科学家。这些人才将成为推动未来科技发展的关键力量。

6. 国际合作与竞争

太空探索往往需要国际合作，这给机械制造业带来了新的合作模式。不同国家和企业在设计和制造航天器时共享技术、知识和资源，促进了全球技术交流和文化融合。同时，太空探索也是国家间科技实力的展示，激发了各国在机械制造领域的竞争和创新。

7. 未来展望

随着技术的进步和对太空探索需求的增加，机械制造业将继续发展。未来的机械制造业可能会更加依赖人工智能和机器人技术，实现更高水平的自动化和智能化。同时，随着对太空资源的探索和利用，机械制造业也将面临新的挑战和机遇。

总之，机械制造业与太空探索之间存在密切的联系。太空探索不仅对机械制造业提出了新的技术要求，也为其发展提供了新的方向和动力。随着人类对太空的探索不断深入，机械制造业将继续扮演至关重要的角色。

（二）机械制造业与改造大自然

人类的发展史就是对大自然的不断改造，使大自然适合人类生存的历史。在改造大自然的过程中，处处可见机械制造的痕迹。从出现第一个工具开始，人类就开始了制造活动。到今天，人类在各个行业为改造自然、造福人类所使用和借助的一切机器、工具都是人们制造出来的，也是制造业发展的结果。

今天，人类对自然界的过度使用已经对自然界造成了破坏，人类又开始了重新改造大自然的活动，在这一过程中，同样离不开机械制造业的支持。如为了改善环境，我们必须对废弃物进行再加工才可以再利用。在再加工的过程中，肯定是脱离不了机器的，当然也就离不开机械制造业。所以，从最初人类文明的开创到今天人类为保护环境所采取的一切措施，所有这些改造大自然的活动，都离不开机械制造业。

四、机械制造技术的未来

机械制造业是国民经济最重要的基础产业，而机械制造技术的不断创新则是机械工业发展的技术基础和动力。未来的制造技术所考虑的绝不单是产品的设计与生产，还应包括从市场调查、产品开发和改进、制造加工、销售、售后服务，到产品报废、解体、回收，再到循环使用、循环利用的产品整个制造过程，是一个大制造系统。其发展趋势随着市场的全球化、竞争的激烈化、需求的个性化、生产的人性化而体现出制造技术的信息化、服务化和高技术化。

（一）制造技术的信息化

制造技术信息化就是用0和1的数字编码来表示、处理和传输企业生产经营的一切信息，使制造业生产经营的信息流实现数字化，从而使制造业达到前所未有的高节奏和高效益。制造业信息化工程的核心任务是设计数字化、制造装备数字化、生产过程数字化、管理数字化和企业数字化。只有实现制造装备数字化才能实现加工自动化和精密化，提高产品精度和加工装配的效率。只有实现制造装备数字化才能实现生产过程的自动化和智能化，提高企业生产过程的自动化水平。

20 世纪 50 年代数控机床的发明揭开了制造业机械发展史上新的一页，标志着机械制造业向信息化迈出了第一步而进入经济信息时代。在随后的岁月里，以计算机技术、网络技术、通信技术等为代表的信息技术被广泛应用于制造业的各个领域，先进制造技术（AMT）如雨后春笋般层出不穷。这些技术改变了传统资本密集型、设备密集型、技术密集型的生产与管理模式，使生产管理模式向信息密集型和知识密集型转变，使制造技术发生了质的飞跃。现代制造业，尤其是高科技、深加工企业，其主要投入已不再是材料或能源，而是信息或知识；其所创造的社会财富实际上也是某种形式的信息，即产品信息和制造信息。

目前，随着网络时代的到来以及互联网（Internet）/内联网（Intranet）/外联网（Extranet）的迅速普及和广泛应用，计算机技术、网络技术和通信技术已成为制造企业的基础环境和制造技术的重要手段。

制造技术在知识经济到来时呈现明显的信息化趋势，可以说信息技术在促进 21 世纪制造技术发展过程中的作用是第一位的。信息技术将在更高更深的层次上渗透和改造传统制造技术，以智能化、网络化、集成化和创新化为特征的信息化制造技术将成为 21 世纪制造技术的主要发展方向。

（二）制造技术的服务化

在 21 世纪的经济版图中，知识经济的浪潮正以前所未有的力量重塑着传统行业，其中，制造业的变革尤为显著。从工业经济时代以规模化、标准化生产为核心的传统模式，到如今以顾客个性化需求为导向的服务化转型，制造业正经历着一场深刻的服务化革命。这一转变不仅是生产方式的调整，更是商业模式、价值创造逻辑乃至整个产业链的重构。

1. 制造技术服务化的内涵

制造技术的服务化（Servitization），是指制造企业不再单纯依赖产品销售，而是将服务融入产品之中，甚至将服务作为核心业务，形成产品与服务相结合的价值主张。这一模式强调的是从"以产品为中心"转向"以客户为中心"，通过深入了解客户需求，提供定制化解决方案，从而创造更高的附加值。服务化不仅涵盖了售后服务、维修保养、技术支持等传统服务内容，还拓展到了设计咨询、供应链管理、数据分析、预测性维护等更为复杂的增值服务领域。

2. 从大规模生产到大规模定制

在过去的工业经济时代，追求大规模、低成本、标准化生产是企业提高竞争力的主要途径。然而，随着消费者偏好的多样化和个性化需求的增强，传统的大规模生产模式逐渐暴露出其局限性。制造技术的服务化顺应了这一变化，通过引入灵活的生产系统、先进的信息技术和智能制造技术，企业能够实现大规模定制，即在保持生产效率的同时，满足消费者对产品多样性和个性化的需求。这一转变要求企业不仅要优化生产线的灵活性和响应速度，还须构建强大的数据收集与分析能力，以快速理解和预测市场趋势。

3. 快速交货成为新的竞争优势

在服务化趋势下，"快速交货"成企业竞争力的新标尺。随着全球化的加速和市场竞争的加剧，顾客对产品交付速度的期望越来越高，这要求制造企业必须具备高效的供应链管理和物流体系，以及高度灵活的生产安排。快速响应市场需求，缩短从订单到交付的时间，不仅能够提升顾客满意度，也是企业区分于竞争对手的关键。

4. 价值创造的新维度——增值服务

在制造技术服务化的过程中，企业开始更加注重通过增值服务为客户提供额外价值。例如，提供远程监控和预测性维护服务，可以帮助客户提前发现并解决问题，减少停机时间，提高设备使用效率；数据分析服务则能帮助企业优化生产流程，降低成本，提升产品质量。通过这些增值服务，制造企业与客户之间的关系从一次性的交易转变为长期的合作关系，增强了客户黏性，同时也开辟了新的收入来源。

5. 网络制造与电子商务的推波助澜

互联网技术的飞速发展为制造技术的服务化提供了强大的技术支持。网上制造平台和电子商务服务的兴起，使得制造企业能够跨越地域限制，直接与全球客户对接，快速响应个性化需求。这些平台不仅简化了交易流程，降低了交易成本，还促进了设计、生产、销售、服务等环节的无缝集成，为制造技术的服务化创造了更为广阔的舞台。同时，借助大数据、云计算、人工智能等技术，企业能够更好地理解市场，精准营销，进一步提升服务质量和效率。

总之，制造技术的服务化是制造业适应知识经济的时代要求，实现转型升级的重要路径。它不仅是生产方式的变革，更是思维方式和经营理念的革新。在这一过程中，企业须不断探索创新，深化服务与产品的融合，强化与客户的互动，构建以服务为导向的生态系统。只有这样，才能在激烈的市场竞争中立于不败之地，推动制造业向着更高层次的智能化、服务化方向发展。

（三）制造技术的高技术化

在知识经济时代来临之际，传统的制造技术正在从其他学科和高新技术汲取营养并与之相结合，逐渐发展成为一门技术含量高、附加值大的现代先进制造技术（AMT），未来的制造技术日益高技术化。

21 世纪促进制造业和制造技术发展的主要是信息技术、自动控制技术、管理科学、系统科学、生命科学、机械科学、经济学、物理学和数学等。现代AMT，特别是其中的超精密加工技术和数控加工技术，又已成为一门其他高新技术或尖端技术得以出现和发展的"使能"技术，如航空航天、办公自动化、电子、通信、科学仪器和精密电子机械等。

未来机械制造技术的发展具体的表现在如下几个方面：

1. 自动化

机械制造技术的发展经历了一个漫长的过程，在制造技术自动化方面，从单机到生产线到系统，从理想到实际，围绕人的作用进行了探讨，从追求高度自动化、全盘自动化走向人、组织、技术三结合，人们开始变得更为实际，制造技术开始向具有一定自动化程度的而且能够满足生产需要的制造自动化技术方向发展。

2. 数字化

数字化是 21 世纪制造技术发展的重要内容，一方面是数字化产品定义、数字化产品模型、数字化加工、数字化管理等数字化技术本身的发展，另一方面是数字化技术的应用将会渗透到各个领域，如数字电视、数码相机、数字变频空调等。以数字化为主要特征的新的工业革命，正在深刻地改变着制造业的生产方式、工作方式和思维方式，关系到制造业的生存和发展、前途和命运，必须正确认识和有效实施制造业数字化。

3. 精密化

精密加工和超精密加工代表了制造技术发展的另一个方向。它在 20 世纪末期已经达到了纳米加工水平，并且出现了微型人造卫星、微型飞机等微型机械。21 世纪它将会取得更大的成就，制造出更多类型的微型机械。

4. 环保化

可持续发展在未来的制造技术中将更受重视，如何有效地利用资源和最大限度地降低环境污染，是摆在大家面前的一大难题。因此，绿色制造、环境保护、生态平衡成了科学技术研究的重点和工业生产的基点。这是一个新领域，机械制造技术必将在这方面有所作为，将从加工所用材料、加工环境、资源的回收和再利用、加工工艺等方面发展。

5. 与生物医学的融合发展

目前，虽然这种融合与制造与信息的融合相比，在广度和深度上还较逊色，但在 21 世纪生物与信息技术在现代制造技术领域的作用必将并驾齐驱。今后以制造技术为核心，将信息、生物和制造技术三方面融合起来，必然是制造领域的主流技术。

6. 市场需求的导向作用突出

根据市场需求做出快速响应，推出相应产品是制造技术的当务之急。这是市场经济的规律，也是制造技术赖以生存的重要条件。

第二节　机械加工材料基础

一、金属材料的性能指标

机械制造行业里所用的零件或构件都是由金属材料或非金属材料制成的。它们在不同的载荷和环境条件下服役。机械加工中的加工对象多数是金属材料，为配合本书后面章节内容，本章重点讲述金属材料的性能指标。如果金属材料对变形和断裂的抗力与服役条件不相适应，就会使机件失去预定的效能而损坏，即产生所谓的"失效"。

金属材料的性能指标包含使用性能和工艺性能。使用性能是金属材料在使用过程中反映出来的特性，它决定了金属材料的应用范围、安全可靠性和使用寿命。使用性能又包括力学性能、物理性能和化学性能。工艺性能是指金属材料在制造加工过程中反映出的各种特性，它决定材料是否易于加工以及如何进行加工等要素。

（一）金属材料的力学性能

金属材料的力学性能是指材料在受力过程中表现出来的物理特性。这些特性决定了材料在工程应用中的适用性和可靠性。以下是一些主要的力学性能指标。

1. 弹性模量（Elastic Modulus）

弹性模量，也称杨氏模量，是材料抵抗形变能力的度量。它定义为材料在弹性范围内应力与应变的比值。

2. 屈服强度（Yield Strength）

屈服强度是材料开始发生永久变形的应力值。对于某些材料，如某些合金钢，可能存在上屈服点和下屈服点。

3. 抗拉强度（Tensile Strength）

抗拉强度，或称极限抗拉强度，是材料在拉伸过程中能承受的最大应力。

4. 硬度（Hardness）

硬度是材料抵抗外物压入其表面的能力。硬度测试可以是布氏硬度、洛氏硬度或维氏硬度等。

5. 延展性（Ductility）

延展性是材料在拉伸过程中能够伸长而不断裂的能力。通常用伸长率或断面收缩率来表示。

6. 韧性（Toughness）

韧性是材料在受到冲击或快速加载时吸收能量并抵抗断裂的能力，通常用冲击能量来衡量。

7. 疲劳强度（Fatigue Strength）

疲劳强度是材料在反复或循环加载下发生疲劳断裂的最大应力。

8. 压缩强度（Compressive Strength）

压缩强度是材料在压缩过程中能承受的最大应力。

9. 剪切强度（Shear Strength）

剪切强度是材料在剪切作用下能承受的最大应力。

10. 蠕变强度（Creep Strength）

蠕变强度是材料在高温和持续应力作用下抵抗缓慢变形的能力。

11. 热膨胀系数（Coefficient of Thermal Expansion）

热膨胀系数是材料在温度变化时体积或长度变化的度量。

这些力学性能指标通常通过各种标准测试方法获得，如拉伸测试、压缩测试、硬度测试、冲击测试等。了解和掌握这些性能对于选择合适的金属材料以满足特定工程需求至关重要。不同种类的金属材料，如碳钢、合金钢、不锈钢、铝合金、钛合金等，具有不同的力学性能，适用于不同的应用场景。

（二）金属材料的物理、化学性能

1. 金属材料的物理性能

金属材料的物理性能是自然界各种物理现象，如温度变化、地球引力、电磁环境改变等所引起的反应。

金属材料的物理性能主要有材料的密度、熔点、导热性、导电性、导磁性和热膨胀性等。不同工作环境的零件对零件材料的物理性能提出了不同要求。比如，飞机上的零件由于考虑飞机整体质量常选用密度较小的铝、镁、钛等合金来制造；电机、电器等的导电零件常用导电性能好的铜基材料。

金属材料的物理性能有时对加工工艺有一定影响。比如，高速钢导热性较差，所以锻造高速钢时应采用较低的加热速度来升温加热，否则材料容易产生裂纹；前面提及的镁、钛等合金虽然密度小，但它们的机械切削加工工艺性能较差。

2. 金属材料的化学性能

金属材料的化学性能主要是指金属材料在常温或高温时，抵抗各种活泼介质化学侵蚀的能力，如材料的耐腐蚀性、耐酸性、耐碱性、抗氧化性等。

在一些腐蚀介质或高温等恶劣环境下工作的机械零件就要特别注意采用化学稳定性良好的金属。比如，化工设备和医疗设备常用耐腐蚀性能较高的不锈钢制造；内燃机排气阀和电站的发电机组的一些零件常用耐热钢来制造。

（三）金属材料的工艺性能

金属材料的工艺性能是指该材料对制造零件时的工艺适应性能。它包括铸造性、锻造性、焊接性、切削加工性等。

在零件设计选材和选用工艺方法时都要重点考虑材料的工艺性能。比如，广泛用来制造铸件的灰铸铁，其铸造性优良但可锻性极差，基本不能进行锻造加工，焊接性也比较低；低碳钢的焊接性能优良而高碳钢则焊接性差，所以在机械结构设计中有焊接结构时，其构件材料通常用低碳钢。

二、机械工程材料分类

（一）机械工程材料的分类

机械工程中用到的材料非常广泛，其总体包含两大类，即金属材料和非金属材料。传统制造业里的机械零件或构件多采用金属材料，但由于资源和环境保护的因素，以及材料科学的飞速发展，目前非金属材料的应用也极其普遍。

钢是机械工业中应用最广泛的金属材料，在工业生产中起着十分重要的作用。在此重点介绍黑色金属，特别是各种钢材的分类及选用，对于非金属材料可以参阅其他相关专业书籍。

（二）工业用钢的分类

钢是指含碳质量百分比大于 0.022% 而小于 2.11% 的铁碳合金。而含碳量小于 0.022% 的铁碳合金一般称为纯铁，含碳量大于 2.11% 的铁碳合金一般称为铸铁。

钢的分类方法有很多，常见的有以下三种：

1. 按用途分类

按用途，钢可分为结构钢、工具钢和特殊性能钢。结构钢可分为工程用钢和机器用钢。工具钢根据用途不同又可分为刀具钢、模具钢、量具钢等。特殊性能钢包括不锈钢、耐热钢、耐磨钢等。

2. 按化学成分分类

化学成分的不同，钢的可分为碳素钢和合金钢。碳素钢又按含碳量（常用 w_C 表示）不同分为低碳钢（ $w_C < 0.25\%$ ）、中碳钢（ $w_C = 0.25\% \sim 0.65\%$ ）和高碳钢（ $w_C > 0.65\%$ ）；合金钢按合金元素总含量（常用 w_{Me} 表示）分为低合金钢（ $w_{Me} < 5\%$ ）、中合金钢（ $w_{Me} = 5\% \sim 10\%$ ）和高合金钢（ $w_{Me} > 10\%$ ）。另外，根据钢中所含主要合金元素种类的不同，可分为锰钢、铬钢、铬钼钢、铬锰钛钢等。

3. 按钢的质量等级分类

钢材中，还存在硅、锰、磷、硫等杂质。按这些杂质中磷、硫含量的多少可将钢分为普通碳素结构钢、优质碳素结构钢和特殊性能钢。

此外，按平衡状态的金相组织钢分为亚共析钢、共析钢和过共析钢；按脱氧程度又分为沸腾钢（钢号用 F 开头表示）、镇静钢（钢号用 Z 开头表示）等。

典型钢的牌号及主要用途见表 1-1。

表 1-1 典型钢的牌号及主要用途

种类	C%	典型牌号	合金元素作用	热处理	性能	用途
碳素结构钢	<0.4	Q195 Q235	—	热轧空冷	塑性、焊接性好	建筑结构
低合金高强度钢	<0.2	Q345（16Mn）	Mn：强化 F，增加 P，降低脆转温度	热轧空冷	塑性、焊接性好	桥梁、船舶、容器
渗碳钢	0.1~0.25	20 20Cr 20CrMnTi	Cr、Mn：提高淬透性，强化 F；Ti：细化晶粒	渗碳+淬火+低温回火	表硬里韧	轴、齿轮
调质钢	0.3~0.5	45 40Cr 40CrNiMo	Cr、Ni：提高淬透性，强化 F；Mo：防止第二类回火脆性	调质（淬火+高温回火）	良好的综合力学性能	轴、齿轮

种类	C%	典型牌号	合金元素作用	热处理	性能	用途
弹簧钢	0.6~0.9 0.45~0.7	65Mn 60Si2Mn	Cr、Mn：提高淬透性，强化 F；Si：提高屈服强度比	淬火+中温回火	高 σ_s/σ_b、高 σ_{-1}	弹簧
滚动轴承钢	0.95~1.1	GCr15	Cr：提高淬透性，耐磨耐蚀性	球退+淬火+低温回火	高耐磨、高 σ_{-1} 足够 a_k	滚动轴承
耐磨钢	1.0~1.3	ZGMn13	Mn：形成 A 组织	水韧处理	高耐磨、耐冲击	铲齿、履带板
碳素工具钢	0.65~1.35	T7~T13	Cr、Ni 等合金元素含量很低	球退+淬火+低温回火	高硬度、高耐磨	冲子、丝锥、锉刀
低合金工具钢	0.75~1.5	9SiCr	Si、Cr：提高淬透性	球退+淬火+低温回火	高硬度、高耐磨	低速刃具
高速钢	0.7~1.5	W18Cr4V	Cr：提高淬透性；W、V：提高热硬、耐磨性	锻、退、淬火+三次回火	高耐热、高硬度、高耐磨	高速刃具
冷作模具钢	1.4~2.3	Cr12 Cr12MoV	Cr：提高淬透性；MoV：提高耐磨性	锻、退、淬火+低温回火	高硬度、高耐磨	冷冲模、挤压模
热锻模钢	0.5~0.6	5CrNiMo 5CrMnMo	同调质钢	调质	抗热疲劳	热锻模
压铸模钢	0.03~0.95	3Cr2W8V	同高速钢	淬火+回火	抗热疲劳、耐磨	压铸模
不锈钢	0.03~0.95	1Cr13，2Cr13	Cr：提高耐蚀性；Ni：形成 A；Ti：防止晶间腐蚀	调质	高耐蚀性（随 C% 增加，耐蚀性下降）	汽轮机叶片
		3Cr13，4Cr13		淬火+低温回火		医疗器械
		0Cr13		不能热处理		硝酸氮肥工业
		1Cr18Ni9Ti		固溶处理		化工管道

续表

种类	C%	典型牌号	合金元素作用	热处理	性能	用途
耐热钢	15CrMo, 12Cr1MoV		Cr、Si：提高抗氧化性；M₀：提高 T；V、Ti：弥散强化；Ni：形成 A 组织	正火	高热强性、高抗氧化性	锅炉零件
	4Cr9Si2, 1Cr11MoV			调质		气阀、叶片
	1Cr18Ni9Ti			固溶		气阀、叶片，过热器管

（三）铸铁的分类

常用铸铁的成分与钢不同，铸铁的含碳量大于 2.11%（常用 2.5% ~ 4.0%），其杂质远大于钢。根据铸铁中碳的存在形式不同，将其分为白口铸铁、灰口铸铁和麻口铸铁。白口铸铁中碳主要以渗碳体的形式存在，灰口铸铁中碳主要以石墨的形式存在，麻口铸铁中的碳以渗碳体和石墨两种形式存在。其中，灰口铸铁应用得最多。

由于石墨的强度近于零，因此石墨的存在相当于钢的基体上存在裂缝或空洞，使铸铁的性能比钢低，特别是抗拉强度和塑性很低，不能进行锻压加工，但其硬度和抗压强度较好，所以灰口铸铁主要用于承受压力的零件，如机床的机座。工业上根据铸铁中石墨存在的形态不同，可将灰口铸铁分为灰铸铁、可锻铸铁和球墨铸铁等。

1. 灰铸铁

石墨以片状形态存在的铸铁称为灰铸铁。由于片状石墨的存在，其石墨尖端的应力集中现象使灰铸铁的抗拉强度及塑性低。灰铸铁的牌号为 HT 后加三位数字。三位数字表示最低的抗拉强度（MPa）。

2. 可锻铸铁

石墨以团絮状形态存在的铸铁称为可锻铸铁。由于团絮状石墨对应力集中影响较小，故可锻铸铁的力学性能较普通灰铸铁高。可锻铸铁的牌号为三个字母和两组数字，如 KTH300-06、KTZ550-04。KT 表示"可锻"，"H"和"Z"分别表示"黑"和"珠"的字首；前一组三位数表示最低的抗拉强度（MPa）；后一组数字表示最低伸长率（%）。

3. 球墨铸铁

石墨以球状形态存在的铸铁称为球墨铸铁。由于球状石墨的应力集中影响更小，故球墨铸铁的性能最好。球墨铸铁的牌号表示和可锻铸铁类似，只是把拼音字母改为"QT"，如 QT450-10、QT600-3 等。

常见灰口铸铁种类及主要用途见表 1-2。

表 1-2　常见灰口铸铁种类及主要用途

铸铁名称	牌号举例	获得方法	组织	热处理	用途
灰铸铁	HT250（最低抗拉强度为 250MPa）	液态金属石墨化+孕育处理	基体（F、P、F+P）+片状石墨	去应力，消除白口，表面淬火	机床床身
可锻铸铁	KTZ450-06（最低抗拉强度为 450MPa，最低伸长率为 6％）	白口+石墨化退火	基体（F、P）+团絮状石墨	石墨化退火	车轮毂、管接头
球墨铸铁	QT500-7（最低抗拉强度为 500MPa，最低伸长率为 7％）	液态金属石墨化+球化处理+孕育处理	基体（F、P、F+P）+球状石墨	可进行各种热处理	柴油机曲轴

（四）化学成分对钢性能的影响

1. 含碳量对钢的性能的影响

含碳量对钢的性能影响很大。通常随含碳量的增加，钢的抗拉强度及硬度增加而塑性和韧性下降。

但从铁碳合金状态图可看出，随含碳量的继续逐渐增加，铁素体逐渐减少，珠光体逐渐增加；当含碳量超过 0.77％时逐渐出现渗碳体，渗碳体的数量不断增加，使钢的韧性下降，脆性增加，所以强度下降。这是随含碳量增加力学性能改变的根本原因。随含碳量的增加，钢的硬度、强度增加，塑韧性降低，钢的切削加工性能、冲压性、可锻性和焊接性都下降。

2. 杂质对钢的性能的影响

（1）硅、锰的影响

通常认为，硅、锰是有益的元素，它既能脱氧，消除氧的不良影响，又能使强度、硬度、弹性增加，而塑韧性能降低。硅的含量小于0.4%，锰的含量在0.4%~0.8%，对钢的力学性能影响不大；当硅、锰的含量分别大于2.0%时对钢的性能便有所影响。

（2）硫、磷杂质的影响

硫是钢中的有害元素，它是钢在冶炼时由燃料带入钢中的元素，而与铁生成FeS，再与铁形成低熔共晶体，熔点为985℃。当钢在1000~1200℃轧制或锻造时，共晶体熔化沿晶粒边界裂开，常把这种现象称为热脆性。因此，钢中的硫含量必须严格控制在0.045%以下。

磷在钢中虽然能使钢的强度、硬度增加，但塑韧性显著下降，特别是在室温下，严重影响钢的脆性，这种现象称为冷脆性，因此磷在钢中的含量也必须控制在0.045%以下。

三、钢的热处理

钢的热处理是将固态钢采用适当的方式进行加热、保温和冷却，以获得所需的组织结构和性能的一种工艺。热处理的特点是改变零件或者毛坯的内部组织，而不改变其形状和尺寸。所以热处理的过程就是按加热—保温—冷却三个阶段进行的。这三个阶段可用冷却曲线来表示。不管是哪种热处理工艺，都分为这三个阶段，不同的只是加热温度、保温时间和冷却速度。钢的热处理过程如图1-1所示。

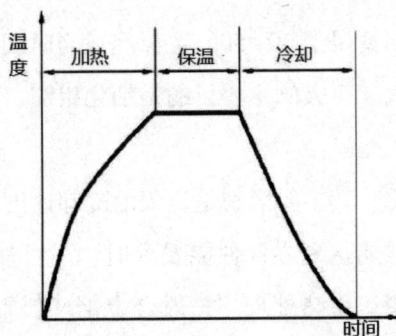

图1-1　钢的热处理过程

钢的热处理的目的是消除材料组织结构上的某些缺陷，更重要的是改善和提高钢的性能，充分发挥钢的性能潜力，这对提高产品质量和延长使用寿命有重要的意义。

钢的热处理的工艺方法很多，大致可分为以下两大类。

第一类是普通热处理，也称零件热处理，包括退火、正火、淬火、回火等。

第二类是表面热处理，包括表面淬火和化学热处理（如渗碳、渗氮、渗硼处理）。

（一）普通热处理

1. 退火

退火就是将金属或合金的工件加热到适当温度（高于或低于临界温度，临界温度就是使材料发生相变的温度），保持一定的时间，然后进行缓慢冷却（随炉冷却或者埋入导热性较差的介质中）的热处理工艺。退火工艺的特点是保温时间长，冷却缓慢，可获得平衡状态的组织。钢退火的主要目的是细化组织，提高性能，降低硬度，以便切削加工；消除内应力，提高韧性，稳定尺寸，使钢的组织与成分均匀化；也可为以后的热处理工艺做组织准备。

根据退火目的的不同，退火可分为完全退火、球化退火、消除应力退火三种。

退火常在零件制造过程中对铸件、锻件、焊件进行，以便为以后的切削加工或为淬火做组织准备。

2. 正火

将钢件加热到临界温度以上 30~50℃，保温适当时间后，在静止的空气中冷却的热处理工艺称为正火。正火的主要目的是细化组织，改善钢的性能，获得接近平衡状态的组织。

正火与退火工艺相比，其主要区别是正火的冷却速度稍快，热处理的生产周期短，故退火与正火同样能达到零件性能要求时，尽可能选用正火。大部分中、低碳钢的坯料一般都采用正火热处理。一般合金钢坯料常采用退火，若用正火，由于冷却速度较快，使其正火后硬度较高，不利于切削加工。

3. 淬火

将钢件加热到临界点以上某一温度（45 号钢淬火温度为 840~860℃，碳素工具钢的淬火温度为 760~780℃），保持一定的时间，然后以适当速度冷却以获得马氏体或贝氏体组织的热处理工艺称为淬火。

淬火与退火、正火处理在工艺上的主要区别是冷却速度快，目的是获得马氏体组织。也就是说，要获得马氏体组织，钢的冷却速度必须大于钢的临界冷却速度。这里的临界冷却速度，就是获得马氏体组织的最小冷却速度。钢的种类不同，临界冷却速度就不同，一般碳钢的临界冷却速度要比合金钢大。所以碳钢加热后要在水中冷却，而合金钢要在油中冷却。虽然冷却速度小于临界冷却速度得不到马氏体组织，但冷却速度过快，会使钢中内应力增大，引起钢件的变形，甚至开裂。

4. 回火

钢件淬硬后，再加热到临界温度以下的某一温度，保温一定时间，然后冷却到室温的热处理工艺称为回火。

淬火后的钢件一般不能直接使用，必须进行回火后才能使用。因为淬火钢的硬度高、脆性大，直接使用常发生脆断。通过回火一方面可以消除或减少内应力、降低脆性、提高韧性；另一方面可以调整淬火钢的力学性能，达到钢的使用性能。根据回火温度的不同，可将回火分为低温回火、中温回火和高温回火三种。

（1）低温回火

淬火钢件在 250℃ 以下的回火称为低温回火。低温回火主要是消除内应力，降低钢的脆性，且仍保持钢件的高硬度。例如，钳工实习时用的锯条、锉刀等一些有高硬度的钢件，都是淬火后经低温回火处理的。

（2）中温回火

淬火钢件在 350~500℃ 的回火称为中温回火。淬火钢件经中温回火后可获得良好的弹性，因此弹簧、压簧、汽车中的板弹簧等，常采用淬火后的中温回火处理。

（3）高温回火

淬火钢件在高于 500℃ 的回火称为高温回火。淬火钢件经高温回火后，具有良好的综合力学性能（既有一定的强度、硬度，又有一定的塑性、韧性），因此，中碳钢和中碳合金钢常采用淬火后的高温回火处理，以轴类零件应用最多。淬火+高温回火这一热处理工艺组合通常又称为调质处理。

（二）表面热处理

仅对工件表层进行热处理以改变组织和性能的工艺称为表面热处理。

1. 表面淬火

对钢件表层进行淬火的工艺称为表面淬火。其热处理特点是用快速加热的方法把钢件表面迅速加热到淬火温度（这时钢件的芯部温度较低），然后快速冷却，使钢件一定深度的表层淬硬，芯部仍保持其原来状态。这样就提高了钢件表面的硬度和耐磨性，芯部仍具有较好的综合力学性能（一般表面淬火前进行了调质处理）。例如，齿轮工作时表面接触应力大、摩擦大，要求表层硬度高，而齿轮芯部通过轴传递动力（包括冲击力），因此，中碳钢制造的齿轮须经调质处理后，再经表面淬火。表面淬火由于快速加热方法的不同分为火焰加热表面淬火和感应加热表面淬火。感应加热表面淬火又由于电源频率不同分为高频淬火、中频淬火等。

2. 化学热处理

将金属或合金工件置于一定温度的活性介质中保温，使一种或几种元素渗入它的表面，以改变工件表面的化学成分、组织和性能的热处理工艺称为化学热处理。化学热处理的过程也是加热—保温—冷却三阶段，不同之处是在一定介质中保温。根据渗入元素不同，化学热处理有渗低碳合金钢（如 20 钢、20Cr 钢等）；气体渗碳时的渗碳剂为煤油或乙醇；渗碳温度为 $900 \sim 950℃$，煤油或乙醇在该温度下裂解出活性碳原子，碳原子渗入低碳钢件的表层，然后依靠浓度差向内部扩散，形成一定厚度的渗碳层。

（三）热处理常用加热设备

热处理中常用的加热设备主要有加热炉、测温仪表、冷却设备和硬度计等。其中，加热炉有很多种，常用的有电阻炉和盐浴炉。

1. 电阻炉

电阻炉是利用电流通过电热元件（如金属电阻丝、SiC 棒等）产生的热量来加热工件。根据其加热温度的不同，可分为高温电阻炉、中温电阻炉和低温电阻炉等；又根据形状不同分为箱式电阻炉和井式电阻炉等多种。这种炉子的结构简单、操作容易、价格较低，主要用于中、小型零件的退火、正火、淬火、回火等热处理，其主要缺点是加热易氧化、脱碳，同时是一种周期性作业炉，因此生产率低。

2. 盐浴炉

盐浴炉是用熔融盐作为加热介质（工件放入熔融的盐中加热）的加热炉，使用较多的是电极式盐浴炉和外热式盐浴炉。盐浴炉常用的盐为氯化钡、氯化钠、硝酸钾和硝酸钠。由于工件加热是在熔融盐中进行，与空气隔开，因此工件的氧化、脱碳少，加热质量高，且加热速度快而均匀。盐浴炉常用于小型零件及工具、模具的淬火和回火。

第二章　机械制造基础技术

第一节　高速加工技术

一、高速加工的含义与特点

（一）高速加工的含义

其实高速加工是一个不完全绝对的概念，因为不同的加工方式和工件材料有其特有的速度范围，所以很难给高速加工下一个准确的定义。概括地说，高速加工技术是指采用超硬材料的刀具与磨具，可靠地实现高速运动的自动化制造设备，以超高的切削速度来实现提高材料切除率的要求，与此同时，还要保证加工的精准程度和质量达到标准的加工制造技术。

1931 年，德国切削物理学家萨洛蒙（Carl. J. Salomon）提出了著名的切削理论。这个理论认为：一定的工件材料对应一个临界切削速度，在该切削速度下，其切削温度最高。在常规切削速度范围内，切削温度随着切削速度的增大而提高，当切削速度达到临界切削速度后，随着切削速度的增大，切削温度反而下降。萨洛蒙的切削理论给了人们一个重要启示：如果切削速度能超越切削"死谷"在超高速区内进行切削，则有可能用现有的刀具进行高速切削，从而大大减少切削工时，成倍提高机床的生产率。不同的材料，高速切削速度的范围也不同，几种常用的材料如铝合金为每分钟 2000~7500m，铜为每分钟 900~5000m，钢为每分钟 600~3000m，灰铸铁为每分钟 800~3000m，钛为每分钟 150~1000m。与其相对应的进给速度一般为每分钟 2~25m，高的可达每分钟 60~80m。

（二）高速加工的特点

高速加工相较于普通的加工速度几乎会高出一个数量级，这在切削原理上是对传统切削认识的突破。由于切削机制的改变，使高速加工产生出许多自身的优势，具体体现在以下五点。

1. 切削力度低

高速加工的速度很高，能够造成剪切变形区变窄，剪切角增大，变形系数减小，切屑流出速度加快，从而可使切削变形减小，切削力比常规切削降低 30％ ~ 90％，刀具耐用度可增加 70％。所以，高速加工比较适合加工硬度较差、较脆的材料。

2. 不易热变形

在进行高速加工过程中，工件温度的上升不会超过 3℃，90％ 以上的切削热量来不及传给工件就被高速流出的切屑带走了。所以，高速加工特别适合加工细长、易热变形的零件和薄壁零件。

3. 提高材料切除率

在进行高速切削时，进给速度可以随切削速度的提高而相应提高 5 ~ 10 倍。这样，在单位时间内的材料切除率可提高 3 ~ 5 倍。所以高速切削也适用于材料切除率要求高的场合，如汽车、模具和航天航空等制造领域。

4. 高精准度

因为高速加工具有速度快、进给率高的特点，能够使机床的激振频率远高于机床—工件—刀具这一系统的固有频率，使加工过程平稳、振动小，可实现高精度、低粗糙度加工。所以，高速切削适合加工光学领域的部件。

5. 减少操作工序

很多部件在普通加工的时候需要很多道工序，有时加工后还须进行费时费力的手工研磨，而使用高速切削技术可使工件加工集中在一道工序中完成。这种粗精加工同时完成的综合加工技术叫作一次过技术。

二、高速切削加工的核心技术

近几年，高速切削技术迅速发展，各项关键技术也正在不断跃上新水平，包括高速主轴单元、高速进给系统、先进的 CNC 控制系统、高性能的机床结构、加工刀具等。

（一）高速主轴单元

高速切削机床最重要的部件便是高速主轴单元。目前高速主轴的转速范围为每分钟 10 000~90 000 转，加工进给速度在每分钟 100m 以上。为适应这种切削加工，高速主轴应具有先进的主轴结构、优良的主轴轴承、良好的润滑和散热等特点。当前，高速主轴在结构上几乎全都采用交流伺服电动机内置式集成化结构——电主轴。电主轴交流伺服电动机的转子套装在机床主轴上，电动机定子安装在主轴单元的壳体中，采用自带水冷或油冷循环系统，使主轴在高速旋转时保持恒定的温度。高速主轴单元的结构有高精准度、振动频率小、噪声低和结构紧密的特征。

高速主轴单元所应用的轴承包括滚动轴承、气浮轴承、液体静压轴承和磁浮轴承几种形式。目前，高速铣床上装备的主轴多采用滚动轴承。在滚动轴承中，混合陶瓷轴承越来越受到人们的青睐，其内外圈由轴承钢制成，轴承滚珠由氮化硅陶瓷制成。陶瓷珠的密度比钢珠低 60%，可大幅降低离心力；陶瓷的弹性模量比钢高 50%，相同的滚珠直径，混合轴承具有更高的刚度。此外，氮化硅陶瓷的摩擦因数低，能够减少轴承运转时的摩擦发热，减少磨损及功率损失。滚动轴承各运动体之间是接触摩擦，其润滑方式也是影响主轴极限转速的一个关键因素。适合高速主轴轴承的润滑方式有油脂润滑、油雾润滑、油气润滑等。其中，油气润滑的优点有以下三点：一是油滴颗粒小，能够全部有效地进入润滑区域，容易附着在轴承接触表面；二是供油量较少，可以达到最小油量润滑；三是油、气分离，既润滑，又冷却，而且对环境无污染。因此，油气润滑在超高速主轴单元中得到了广泛的应用。气浮轴承主轴的优点在于高的回转精度、高转速和低温升，其缺点是承载能力较低，所以主要适合工件形状精度和表面精度较高、所需承载能力不大的场合。液体静压轴承主轴的最大特点是运动精度高，回转误差一般在 0.2μm 以下，其动态刚度大，特别适合像铣削的断续切削过程。但液体静压轴承最大的不足是高压液压油会引起油温升高，造成热变形，影响主轴精度。磁浮轴承是用电磁力将主轴无机械接触地悬浮起来，其间隙一般在 0.1mm 左右，由于空气间隙的摩擦热量较小，因此磁浮轴承可以达到更高的转速，其转速特征值可达 4.0×10^6 以上，为滚珠轴承主轴的两倍。高精度、高转速和高刚度是磁浮轴承的优点。但是因为结构比较复杂，需要一整套传感器系统和控制电路，所以它的价格也比滚动轴承高很多。

（二）高速进给系统

想要实现高速切削加工，不仅要具有很高的主轴转速和功率，还应该使机床的工作台有很高的进给速度和运动加速度。20 世纪 90 年代，工作台的快速进给多采用大导程滚珠丝杠和增加进给伺服电动机的转速来实现，其加速度可达 0.6g；在采用先进的液压丝杠轴承，优化系统的刚度与阻尼特性后，其进给速度可达到每分钟 40~60m。

要是想再次提高进给速度，滚珠丝杠就无能为力了。但随着现代化进程的发展，更先进、更高速的直线电动机已经发展起来，它可以取代滚珠丝杠传动，为高速切削提供更高的进给速度和更好的加、减速特性。目前，直线电动机的进给速度可达到每分钟 160m，加速度可达 30g，定位精度达 $0.5 \sim 0.05\mu m$，甚至更高。直线电动机消除了机械传动系统的间隙和弹性变形，减少了传动摩擦力，几乎没有反向间隙。专家对此预言，直线电动机会成为将来机床进给的主流趋势。

（三）先进的 CNC 控制系统

高速加工所运用的 CNC 控制系统运算速度、精准度，以及快速响应的伺服控制都应该很高，以满足高速及复杂型腔的加工要求。为此，许多高速切削机床的 CNC 控制系统采用多个 32 位甚至 64 位 CPU，同时配置功能强大的计算机处理软件，如几何补偿软件已被应用于高速 CNC 系统。当前的 CNC 系统具有加速预插补、前馈控制、钟形加减速、精确矢量补偿和最佳拐角减速控制等功能，使工件加工质量在高速切削时得到明显改善。相应地，伺服系统则发展为数字化、智能化和软件化，使伺服系统与 CNC 系统在 A/D-D/A（模拟数字转换器、数字模拟转换器）转换中不会有丢失或延迟现象。尤其全数字交流伺服电动机和控制技术已得到广泛应用，该控制技术的主要特点为具有优异的动力学特征和极高的轮廓精度，以使加工始终保持高进给速度。

（四）高性能的机床结构

想要保持工作进程能够达到粗精加工、轻重切削负荷和快速移动的要求，同时又能保证高精度，高速切削机床的床身必须具有足够的刚度、强度、高的阻尼特性以及很高的热稳定性。其措施有以下两点：一是改良床身结构，如Gidding&Lewis（吉丁斯·路易斯）公司在其RAM高速加工中心上将立柱与底座合为一个整体，使机床的整体刚性得以提高；二是使用高阻尼特性材料，如聚合物混凝土。日本牧野高速机床的主轴油温与机床床身的温度通过传感控制保持一致，协调了主轴与床身的热变形。机床厂商同时在切除、排屑、丝杠热变形等方面采用各种热稳定性措施，极大地保证了机床的稳定性和精度。高速切削机床用防弹玻璃做观察窗，并应用监控系统对正在工作的部件刀具和主轴的运行情况进行监控和识别判断，以确保工作人员和设备的安全。

20世纪90年代，高速切削领域出现了一种全新结构形式的机床——六杆机床，又被称为并联机床。机床的主轴由六条伸缩杆支承，通过调整各伸缩杆的长度，使机床主轴在其工作范围内既可做直线运动，也可转动。与传统机床相比，六杆机床能够有六个自由度的运动，每条伸缩杆可采用滚珠丝杠驱动或直线电动机驱动，结构简单。每条伸缩杆只是轴向受力，结构刚度高，能够减轻其重量，从而进行高速切削。

（五）刀具系统

高速加工的过程中有一个关键问题，即刀具磨损。与普通切削相比，高速切削时，刀具与工件的接触时间减少，接触频率增加，切削过程所产生的热量更多地向刀具传递，刀具磨损机制与普通切削有很大区别。此外，由于高速切削时的离心力和振动的影响，刀具必须具有良好的平衡状态和安全性能，刀具的设计必须根据高速切削的要求，综合考虑磨损、强度、刚度和精度等方面的因素。通常高速切削中使用的刀具材料有以下四种。

1. 硬质合金涂层刀具

由于刀具基体有较高的韧性和抗弯强度，涂层材料高温，耐磨性好，所以被允许采用高切削速度和高进给速度。

2. 陶瓷刀具

陶瓷刀具与硬质合金刀具相比可承受更高的切削速度。陶瓷刀具与金属材料的亲和力小，热扩散磨损小，其高温硬度优于硬质合金。但是韧性不足，常用的有氧化铝陶瓷、氮化硅陶瓷和金属陶瓷等。

3. 聚晶金刚石刀具

聚晶金刚石刀具的摩擦因数低，耐磨性极强，具有良好的导热性，非常适合进行难加工材料和黏结性强的有色金属的高速切削加工，但它的价格较高。

4. 立方氮化硼刀具

立方氮化硼刀具具有高硬度、良好的耐磨性和高温化学稳定性，不易损坏，适合高速切削淬火钢、冷硬铸铁、镍基合金等材料的高速加工。

当主轴转速超过每分钟 15 000 转时，由于离心力的作用，将使主轴锥孔扩张，刀柄与主轴的连接刚度会明显降低，径向跳动精度会急剧下降，甚至出现颤振。为了满足高速旋转下不降低刀柄的接触精度的需求，一种新型的双定位刀柄已在高速切削机床上得到应用。这种刀柄的锥部和端面同时与主轴保持面接触，定位精度明显提高，轴向定位重复精度可达 0.001μm。这种刀柄结构在高速转动的离心力作用下会更牢固地锁紧，以使刀具在转速范围内能够保持较高的韧性。

第二节　超精密加工技术

一、超精密加工的含义

精密和超精密加工技术是能够在目前全球市场竞争中取胜的关键性技术。发展尖端技术、国防工业及微电子工业等都需要精密和超精密加工制造出来的仪器设备。当代的精密工程、微细工程和纳米技术是现代制造技术的前沿，也是未来制造业发展的坚实基础。

按照加工精度的强弱和加工表面质量的好坏，能够将机械加工分为一般加工（粗加工、半精加工和精加工）、精密加工和超精密加工。所谓超精密加工技术，并不是指某一特定的加工方法，也不是指比某一特定的加工精度高一个数量级的加工技术，而是指在一定的发展时期，加工精度和加工表面质量达到最高水平的各种加工方法的总称。超精密的概念是相对的，也是与某个时代的加工与测量水平密切相关的。例如在 20 世纪 50 年代，能达到 1μm 级加工精度的加工技术就可称为超精密加工技术了。如今，一般把按照超稳定、超微量切除等原则实现加工尺寸误差和形状误差在 $0.1\mu m$ 以下的加工技术叫作超精密加工技术。

在现代技术条件下，一般加工、精密加工、超精密加工的加工精度可以做如下划分：一是一般加工。加工精度在 $1\mu m$、表面粗糙度 Ra 在 $0.1\mu m$ 以上的加工方法。二是精密加工。加工精度在 $0.1\sim1\mu m$、表面粗糙度 Ra 为 $0.01\sim0.1\mu m$ 的加工方法，如金刚车、精镗、精磨、研磨、珩磨等。三是超精密加工。加工精度高于 $0.1\mu m$、表面粗糙度 Ra 小于 $0.01\mu m$ 的加工方法。

通常我们将超精密加工分为以下四类：①超精密切削加工，如金刚石刀具超精密车削、微孔钻削等。②超精密磨料加工，如超精密磨削、超精密研磨等。③超精密特种加工，如电子束、离子束加工及光刻加工等。④超精密复合加工，如超声研磨、机械化学抛光等。在上述方法中最具代表性的是超精密磨料加工和超精密切削加工。

二、超精密切削加工技术

超精密切削技术主要是指用金刚石刀具进行的切削，这项技术主要用于加工铜、铝等非铁金属及其合金，以及光学玻璃、大理石和碳素纤维等非金属材料。目前，一般使用单晶天然金刚石刀具加工可直接切出表面粗糙度 Ra 值在 $0.01\sim0.05\mu m$、尺寸误差在 $0.1\mu m$ 以下的镜面，因此可以替代手工研磨等光整加工工序。这样不仅可节约工时，同时可提高加工质量。目前金刚石刀具超精密切削加工技术主要用于陀螺仪、激光反射镜、天文望远镜的反射镜、计算机磁盘等精度和表面质量要求都极高的零件生产中，并在其中发挥着关键性作用。

（一）金刚石刀具

从广义上来说，用金刚石刀具来进行超精密切削也属于金属切削的一种，所以，金属切削过程中的一些普遍规律对它仍是适用的。但由于超精密切削时的切削层极薄（一般在 $0.1\mu m$ 以下），而且金刚石刀具本身具有极为特殊的物理化学性能，所以，它的切削过程具有很大的特别性。

1. 超精密切削对刀具的需求

为了使超精密切削能够顺利完成，使用的刀具应具有如下性能：①极高的硬度、耐磨性和弹性模量，以保证刀具具有极长的使用寿命和尺寸耐用度。②刃口应能被刃磨得极其锋利，以满足超微薄切削的要求。③切削刃应没有缺陷，以得到超光滑镜面。④与工件材料的抗黏结性好，化学亲和性小，摩擦因数低，以得到极好的加工表面质量。

如今，一般在超精密切削中采用的是单晶金刚石刀具，特别是天然单晶金刚石刀具。这主要是由于天然单晶金刚石具有极高的硬度和耐磨性，以及较高的热导率，与有色金属间的摩擦因数小、亲和力差，开始氧化时的温度较高。单晶金刚石刀具可以把切削刃磨得极其锋利，目前已经可以磨到刃口半径为5nm的金刚石刀尖。在放大400倍的显微镜下观察，其切削刃没有缺口、崩刃等现象，而且切削刃的直线度可达$0.1 \sim 0.01 \mu m$，还没有其他任何材料可以磨到如此锋利的程度，且能长期切削而磨损极小。所以，现在单晶金刚石已经成为效果最好的超精密切削加工技术的刀具材料。

2. 金刚石车刀的结构和几何特点

通常金刚石车刀是将金刚石刀头采用机械夹持或黏结方式固定在刀杆上的。

（1）刀头采用的形式

通常金刚石车刀不用主切削刃和副切削刃相交所形成的尖锐刀具，因为这样的刀尖不仅容易崩刃和磨损，而且易在加工表面留下加工痕迹而使加工表面的表面粗糙度值增大。为获得好的加工表面质量，目前通常将金刚石刀具的主切削刃与副切削刃之间用过渡刃对加工表面进行修光，一般我们常见的修光刃有直线修光刃和圆弧修光刃等形式。

（2）前角和后角的弧度

因为金刚石的韧性不足，在保证获得较小的表面粗糙度 Ra 值的前提下，为增加切削刃的强度，应采用较大的刀具楔角 β，故一般刀具的前角和后角都取得较小。增加金刚石刀具的后角 a 可减少刀具后刀面与加工表面的摩擦，进而降低表面粗糙度值。实验表明，当 a 增加到15°时，加工表面质量有明显提高，但为了增加刀具的强度，一般取 $5° \sim 8°$。

3. 刀具的刃磨

金刚石刀具的刃磨是超精密切削中的一个非常关键的内容，刀具的刃磨质量主要包括以下两方面内容。

（1）金刚石的晶面选择

因为金刚石的每个晶面都处于不同方向，所以其每个方向的性能（如硬度和耐磨性、微观强度和解理破碎的概率、研磨加工的难易程度等）相差很大。一颗单晶金刚石毛坯要制成精密金刚石刀具，首先要经过精确的晶体定向，以确定所制成刀具的前、后刀面的空间位置及需要磨去的部分。晶面选择得正确与否将直接影响刀具的使用寿命。目前使用的金刚石晶体定向方法主要有人工目测定向、X 射线晶体定向和激光定向等。

（2）金刚石刀具刃口的刃磨

在金刚石刀具进行超精密切削加工时，超微量切除得好坏主要取决于刀具刃口的锋利程度。由于金刚石是目前所发现的最硬的材料，因此对它进行精密刃磨是比较困难的。目前仍然主要采用研磨机来刃磨金刚石刀具。一般研磨盘用优质铸铁制造，要求其表面平整无砂眼等缺陷，一般盘的直径为 300nm，转速为每分钟 2000~3000 转。进行刃磨时，金刚石刀头装在夹具中，按要求的角度调整好并加一定的压力压在研磨盘上，再加上研磨剂就可以开始刃磨刀具了。

（二）超精密切削加工技术的微量进给装置

1. 超精密切削加工对微量进给装置的要求

为使超精密加工顺利实现，加工机床除应具有高精度的主轴组件和导轨部件外，还必须具有高精度的微量进给系统，这是实现超微量切削和达到高精度尺寸加工的重要保证。在超精密切削加工中，刀具的超微量进给是由精确、稳定、可靠的微量进给装置来实现的，一个好的微量进给装置应具有以下六种性能：①微量进给和粗进给分开，以提高微量进给的精度和稳定性，同时保证加工效率。②运动副必须是低摩擦和高稳定性的，以保证进给速度均匀、进给平稳、无爬行现象，从而使进给装置达到较高的重复定位精度。③装置内部各连接处必须可靠接触，接触间隙极小，接触刚度极高。④末级传动件（刀具夹持处）必须具有很高的刚度，以保证刀具进给的可靠性。⑤在要求快速微量位移（如用于随机误差补偿）时，微量进给装置应具有好的动态特性，即极高的频率响应特性。⑥工艺性好，容易制造。

2. 微量进给装置

目前已出现了多种利用不同材料在磁场、电场、温度场和负荷的作用下所产生的物理现象来实现微量位移的微量进给装置。要实现自动微量进给和要求微量进给装置有较好的运动特性时，现在多采用压电陶瓷微量进给装置。压电陶瓷具有逆压电效应和电致伸缩效应。电致伸缩效应的变形量与电场强度的平方成正比。用压电陶瓷制造微量进给装置具有很多优点。例如，能实现高刚度、无间隙位移；能实现极精细的微量位移（分辨率可达 $1.0 \sim 25\text{nm}$）；变形系数大，频响特性好，其响应时间可达 100ms。

（三）超精密磨削加工技术

用金刚石刀具对铜、铝及其合金等软金属进行超精密车削能够达到非常好的效果，而对于黑色金属、硬脆材料等材料，用精密和超精密磨削加工在当前是最主要的精密加工手段。磨削加工可分为砂轮磨削、砂带磨削，以及研磨、珩磨和抛光等加工方法，这里仅介绍超精密砂轮磨削加工。超精密磨削是指加工精度达到或高于 0.1 微米、表面粗糙度 Ra 低于 $0.025\mu\text{m}$ 的一种亚微米级加工方法，并正在向纳米级发展。超精密磨削加工中，最重要的是满足砂轮的选择、砂轮的修整、磨削用量和高精度的磨削机床等方面的要求。

1. 超精密磨削砂轮

在进行超精密磨削的过程中，使用的砂轮材料大多是金刚石、立方氮化硼磨料等，它们的硬度极高，一般称为超硬磨料砂轮。金刚石砂轮有较强的磨削能力和较高的磨削效率，在加工非金属硬脆材料、硬质合金、有色金属及其合金时有较大优势。由于金刚石易与铁族元素产生化学反应和亲和作用，故对于硬而韧、高温硬度高、热导率低的钢铁材料则用立方氮化硼砂轮磨削较好。立方氮化硼与金刚石相比有较好的热稳定性和较强的化学惰性，其热稳定性可达 1250 ~ 1350℃，而金刚石磨料只有 700~800℃，即使当前立方氮化硼磨料的应用范围不如金刚石磨料广，且价格很高，但它依然具有非常广阔的发展前景。

通常超硬磨料砂轮采用的结合剂形式有以下三种：第一种是树脂结合剂。树脂结合剂砂轮能够保持良好的锋利性，可加工出较好的工件表面，但耐磨性差，磨粒的保持力小。第二种是金属结合剂。该结合剂砂轮有很好的耐磨性，磨粒保持力大，形状保持性好，磨削性能好，但自锐性差，砂轮修整困难。常用的结合剂材料有青铜、电镀金属和铸铁纤维等。第三种是陶瓷结合剂。它是以硅酸钠作为主要成分的玻璃质结合剂，具有化学稳定性高、耐热、耐酸碱功能，但韧性不足。

在采用金刚石制作的砂轮磨削对石材、玻璃、陶瓷等材料进行加工时，选择金属结合剂，砂轮的锋利性和寿命都好；对于硬质合金和金属陶瓷等难磨材料，选用树脂结合剂具有较好的自锐性。通常立方氮化硼系统中磨料砂轮采用陶瓷结合剂和树脂结合剂。

2. 超精密磨削砂轮的修缮

超精密磨削砂轮的修缮可以直接影响被磨工件的加工质量、生产效率和生产成本。通常砂轮修缮包括修形和修锐两个过程。所谓修形，是使砂轮达到一定精度要求的几何形状；修锐是去除磨粒间的结合剂，使磨粒突出结合剂一定高度，形成足够的切削力和容屑空间。一般普通砂轮的修形与修锐是同步进行的，而超硬磨料砂轮的修形和修锐是分为先后两步进行的。修形要求砂轮有精确的几何形状，修锐要求砂轮有好的磨削性能。超硬磨料砂轮，如金刚石和立方氮化硼都比较坚硬，很难用别的磨料磨削以形成新的切削刃，常通过去除磨粒间结合剂的方法，使磨粒突出结合剂一定高度，形成新的磨粒。超硬磨料砂轮修缮的方法非常多，大体可以分为以下四种。

第一种，车削法。用单点、聚晶金刚石笔、修整片等车削金刚石砂轮以达到修整的目的。这种方法的修整精度和效率都比较高，但修整后的砂轮表面平滑，切削能力低，修整成本也高。

第二种，磨削法。用普通磨料砂轮或砂块与超硬磨料砂轮进行对磨粒修整。普通砂轮磨料，如碳化硅、刚玉等磨粒被破碎，对超硬磨料砂轮结合剂起到切削作用，失去结合剂后，磨粒就会脱落，从而达到修整的目的。这种方法的效率和质量都较好，是目前较常用的修缮方法，但一般的砂轮的磨损消耗程度比较严重。

第三种，喷射法。将碳化硅、刚玉磨粒从高速喷嘴喷射到转动的砂轮表面，从而去除部分结合剂，使超硬磨粒凸出，这种方法主要用于锐新。

第四种，电解在线修锐法。ELID（Electrolytic Inprocess Dressing，电解在线砂轮修整技术）是由日本大森整等人在1987年推出的超硬磨料砂轮修锐新方法。

该方法用于以铸铁纤维为结合剂的金刚石砂轮，应用电解加工原理完成砂轮的修锐过程。将超硬磨料砂轮接电源正极，石墨电极接电源负极，在砂轮与电极之间通以电解液，通过电解腐蚀作用去除超硬磨料砂轮的结合剂，从而达到修锐的效果。在这种电解修锐过程中，被腐蚀的砂轮铸铁结合剂表面逐渐形成钝化膜，这种不导电的钝化膜将阻止电解的进一步进行，只有当凸出的磨粒磨损后，钝化膜被破坏，才会继续发挥电解修锐作用，这样可使金刚石砂轮保持长时间的切削能力。除此之外，还有电火花修整法、超声波修整法、激光修整法等修缮方法，这些方法还需要进一步完善和开发。

3. 超精密磨削的速度和磨削液

采用金刚石砂轮进行磨削，通常其速度不太高，根据磨削方式、砂轮结合剂和冷却情况的不同，其磨削速度为 $12\sim30\mathrm{m/s}$。磨削速度太低，单颗磨粒的切屑厚度过大，不但会使工件表面粗糙度值增加，而且会使金刚石砂轮磨损增加；磨削速度提高，使工件表面粗糙度值降低，但磨削温度将随之升高，而金刚石的热稳定性只有 $700\sim800℃$，因此金刚石砂轮的磨损也会增加。实际运用时应根据具体情况选择合适的磨削速度。一般陶瓷结合剂、树脂结合剂的金刚石砂轮的磨削速度可选高一些，金属结合剂的金刚石砂轮的磨削速度可选低一些。立方氮化硼砂轮的磨削速度比金刚石砂轮高得多，每秒可达 $80\sim100\mathrm{m}$，这是因为立方氮化硼磨料具有较高的热稳定性。

在使用超硬磨料砂轮进行磨削时，磨削液如何使用对砂轮的寿命具有较大影响，如树脂结合剂超硬磨料砂轮湿磨与干磨相比可提高砂轮寿命 40% 左右。磨削液除了具有润滑、冷却、清洗功能之外，还有渗透性、防锈、提高切削性等功能。磨削液被分为油性液和水溶性液两大类。其中，油性液的主要成分是矿物油，其润滑性能好，而水溶性液的主要成分是水，其冷却性能好，主要有乳化液、无机盐水溶液、化学合成液等。磨削液的使用应视具体情况而合理选择。在使用金刚石砂轮磨削硬质合金时，普遍采用煤油，而不宜采用乳化液；树脂结合剂砂轮不宜使用苏打水。立方氮化硼砂轮磨削时宜采用油性的磨削液，一般不用水溶性液，因为在高温状态下，立方氮化硼砂轮与水会起化学反应，称为水解作用，会加剧砂轮磨损。如果遇到必须使用水溶性磨削液时，可以加入极压添加剂来减弱水解对加工造成的影响。

（四）影响超精密加工的因素

超精密加工技术已成为融合当代最新科技成果，涉及面极其广泛的系统工程。影响超精密加工的因素是相当多的，这不仅包括加工方法本身的影响，还包括整个制造系统及其相关技术的影响，一般可总结为以下四方面。

1. 加工方法的原理和超微量加工机制

通常在加工时，"工作母机"的精度总是要高于被加工零件的精度要求，这一规律被称为母性原则。此时，机床的几何误差与传动链误差会以刀具相对于工件的相对运动"遗传"给工件，而且在加工过程中存在诸如热变形、力变形、振动、磨损等因素的影响，致使被加工零件的精度总是低于机床的精度，这就是所谓的精度退化现象。而对于超精密加工，由于对被加工零件的精度要求极高，这使得具有误差遗传和精度退化特征的母性原则加工极难胜任超精密加工的要求，此时必须考虑使用精度低于被加工零件精度要求的机床，借助工艺手段和特殊工具来满足加工要求，这就是所谓的创造性加工原则。在实施创造性加工时，一方面要利用先进的工艺方法，如 ELID 磨削法，它可以在普通磨床上加工出 Ra 为 $0.03\mu m$ 的镜面；另一方面就是要弥补误差和充分利用均化技术。创造性加工方法是符合机械加工精度不断提高的历史事实的，它一直是超精密加工的主要手段。所以，在进行超精密加工时，我们既要考虑加工方法本身的原理性误差，又要考虑创造性加工对整个加工过程造成的影响。

超精密加工可以均匀地去除小于或等于加工精细程度和加工表面质量要求的超薄的加工层，它也被叫作超微量加工。由于加工层极薄，这使得超微量加工的加工机制与普通加工相差甚大。它已经深入物质的微观领域，此时不得不考虑材料物质内部的不均匀性和不连续性而引起的切削阻力的急剧变化，以及由此而带来的一系列问题。所以，一定要重视超微量加工机制的开发和研究。

2. 超精密加工设备及其基础元件

即使是使用创造性原则对材料进行超精密加工，加工设备及其基础元件的质量也仍然是获得高质量加工的关键，世界各国都对此投入了极大的人力和物力。例如，日本新研制的一台盒式超精密立式车床，其整体采用了盒式结构，加工区域形成了封闭空间，自成系统而不受外界干扰，同时该机采用热对称结构及低热变形复合材料以抑制热变形的影响，并且在冷却、恒温等方面均进行了改进，该机获得了优良的加工性能。通常为了满足超精密加工的极高要求，进行加工的设备应该满足以下三点要求。

一是高精度和高刚性。加工设备本身具有极高精度和刚度的主轴系统、进给系统及微量进给装置等是实现超精密加工的基础。目前，一般超精密加工机床的主轴系统采用回转精度高、刚性好、阻尼大、抗振动性能好的空气或液体静压轴承支承的主轴系统。

二是高稳定性和高可靠性。这主要是指机床抵抗热变形、磨损、振动等的性能。

三是高自动化程度。提高自动化程度、减少人为因素的影响是提高超精密加工水平的重要条件。

3. 测量技术

测量技术和加工是息息相关、相辅相成、密不可分的。如果没有与加工精度相适应的测量技术，就不能判断加工精度是否达到要求，也就无法为加工精度的进一步提高指明方向。超精密加工要求测量精度比加工精度至少高一个数量级。目前，超精密加工精度已可稳定达到亚微米（$0.1\mu m$）级甚至1‰微米级，这就要求测量精度能达到纳米级水平。目前，超精密加工除了广泛应用基于光学原理的测量技术和高灵敏度的电气测量技术之外，专家还在研究新兴尖端技术在微观测量方面的具体应用。

4. 超精密加工的环境条件

在进行超精密加工的过程中，加工周围的环境条件对加工质量的影响也是极大的，其极其微小的变化都可能导致加工达不到目的。超精密加工必须在超稳定的加工环境下进行。超稳定的加工环境条件主要指恒温、恒湿、防振和无尘等方面。机床的防振和抗振性能的好坏对超精密加工的影响是巨大的。

加工工艺系统之所以会发生振动，主要是机外、机内振源造成的干扰。为消除机内振源的干扰，通常采用的措施是对机床的高速回转部件（如主轴、砂轮、电动机转子）等进行精确的动平衡，并将振源与机座之间用防振垫隔开；将液压系统的油箱、马达、液压泵等供油系统与机床分开，通往机床的油液用软管输送，以减少脉动的影响。在制造机床的过程中，选择抗振性能好的材料这一举措已经成为提高机床抗振性的一个重要方面，如采用花岗石来制造床身，它既是气动导轨的一部分，又是重载机座。由于通常花岗石的自振频率为3Hz，与机床的工作频率相去甚远，因此可以有效抗振。对于机外振源的干扰，通常是采取隔振的方法来减少或消除，常见的隔振方法是增加一个新隔振地基。

除了以上几点影响因素外，影响超精密加工的因素还有很多。例如加工工具、工件的定位与夹紧方式、操作者的技艺水平等。需要注意的是，每个影响超精密加工的因素并不是独立出现的，而是通过各个因素之间互相影响来起作用的。

第三节　特种加工技术

特种加工技术在生产中应用较多的是电火花加工、电解加工、超声波加工、激光加工、电子束加工和离子束加工。

一、电火花加工

电火花加工是20世纪40年代开始研究并逐步应用于生产的一种利用电、热能进行加工的方法，其利用工具和工件两极间脉冲放电时局部瞬时产生的高温把金属腐蚀去除来对工件进行加工。当脉冲电流作用在工件表面上时，工件表面上导电部位立即熔化，若电脉冲能量足够大，金属将直接汽化，熔化的金属强烈飞溅而抛离电极表面，使材料表面形成电腐蚀的坑穴。在这一加工过程中我们可看到放电过程中伴有火花，因此将这一加工方法称为电火花加工。

（一）电火花加工的原理

电火花加工利用工具电极和工件电极间瞬时火花放电所产生的高温来熔蚀材料，因此又称放电加工或电蚀加工。电火花加工的工作原理如图2-1所示。这一过程可分为以下四个连续过程：①极间介质电离、击穿，形成放电通道；②介质热分解，电极材料熔化、汽化，热膨胀；③电极材料抛出；④极间介质消电离。

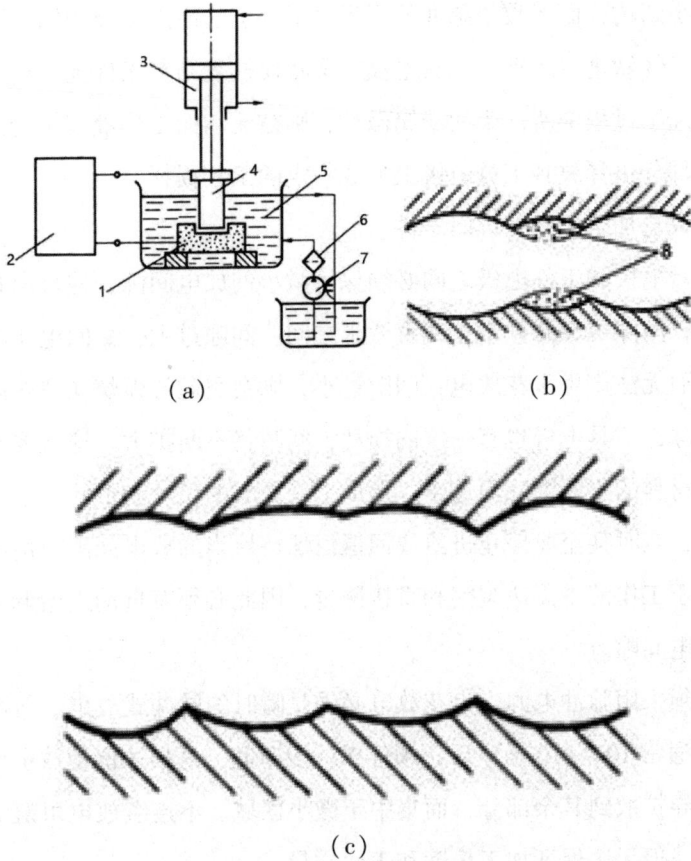

（a）加工原理示意；（b）、（c）加工表面局部放大

1—工件；2—脉冲电源；3—自动进给调节装置；4—工具；5—工作液；

6—过滤器；7—工作液泵；8—被蚀除的材料

图 2-1　电火花加工的工作原理

　　电火花加工时，工具和工件与电源的两极相接，两极均浸在有一定绝缘度的流体介质（通常用煤油或矿物油）中。工具电极由自动进给调节装置控制，以保证工具和工件在正常加工时维持一个很小的放电间隙（0.01~0.05mm）。当液体介质中的两电极接通脉冲电源时，脉冲电压加到两极之间，极间最近点的液体介质将被电离、击穿，产生火花放电，形成截面积很小的放电通道。放电通道中的瞬时高温使工作液汽化，使金属材料熔化、汽化而被蚀除，形成电蚀凹坑。第一次脉冲放电结束后，经过一段时间，工作液恢复绝缘后，第二个脉冲电压又加到两极上，又会在极间距离相对最近时，电蚀出一个小凹坑。单个脉冲能使工件表面形成微小凹坑，而无数个脉冲的积累将工件上的高点逐渐熔蚀。随着工具电极不断地向工件做进给运动，工具电极的形状便被复制在工件上，形成所需要的加工表面。加工过程中所产生的金属微粒，则被流动的工作液流带走。同时，总能量的一小部分也释放到工具电极上形成一定的工具损耗。

进行电火花加工应具备以下条件：

一是工具电极和工件电极之间必须保持微小的放电间隙，这可由自动进给调节装置调节。间隙可在几微米至几百微米之间，间隙过大，极间电压不能击穿两极间介质，而无法产生火花放电；间隙过小，则会引起拉弧烧伤或短路。由于工件不断被蚀除，工具电极也有一定的损耗，间隙将不断扩大。这就要求工具不但要随着工件材料的不断蚀除而进给，形成工件要求的尺寸和形状，还要不断地调节进给速度，有时甚至要停止进给或回退以保持恰当的放电间隙。由于放电间隙很小，且位于工作液中无法观察和直接测量，因此必须有自动进给调节系统来保持恰当的放电间隙。

二是必须采用脉冲电源。火花放电必须是瞬时的脉冲式放电，每次放电延续一段时间（通常 $10^{-8} \sim 10^{-7}$s）后，须停歇一段时间，这样才能使放电所产生的热量不至于传导扩散到其余部分，而集中于微小区域。不连续放电可避免电弧放电使表面烧伤，但无法保证加工精度和表面质量。

三是必须在有一定绝缘性能的液体介质中进行火花放电。这有利于产生脉冲性火花放电，并排除放电间隙中的电蚀物，还可以对电极及工件表面起较好的冷却作用。常用的绝缘液体介质有煤油、皂化液和去离子水等。

电火花加工机床结构有多种形式，根据不同的加工对象，通用机床有龙门式、滑枕式、悬臂式、框形立柱式、台式、便携式等形式。如图 2-2 为悬臂式和框形立柱式电火花加工机床结构示意图。电火花加工机床由床身、立柱、主轴头、工作台、工作液循环过滤器和附件等部分组成。它主要用于支承、固定工件和电极，其传动机构可调整工件与电极的相对位置，实现电极的进给运动。为减少机床变形，保持必要的精度，机床各主要部分要有一定的刚度。坐标工作台安装在床身上，主轴头安装在立柱上，其布局与立式铣床相似。

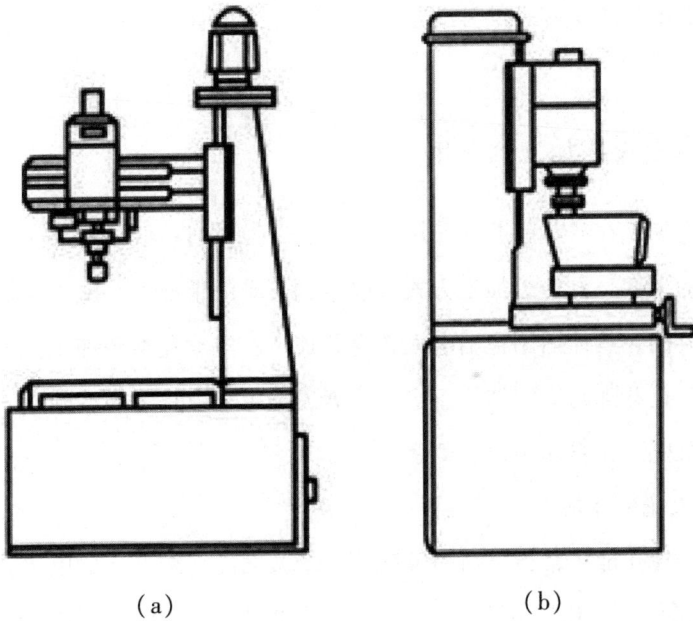

（a）　　　　　　　　　　　　　（b）

（a）悬臂式；（b）框形立柱式

图 2-2　电火花加工机床结构示意图

（二）电火花加工的特点

一是可加工任何高强度、高硬度、高韧性、高熔点的难切削加工的导电材料，如淬火钢、硬质合金、不锈钢、工业纯铁、导电陶瓷、立方氮化硼、人造聚晶金刚石等，不受被加工材料的物理机械性能影响。在一定条件下也可加工半导体。

二是工具的硬度可以低于被加工材料的硬度。

三是加工时工具电极和工件不直接接触，无显著机械切削力，工具电极并不回转，有利于小孔、窄槽、型孔、曲线孔及薄壁零件加工，也适用于低刚度工件和精密细微结构加工。

四是脉冲参数可任意调节，加工中只要更换工具电极或采用阶梯形工具电极就可以在同一机床上连续进行粗加工、半精加工和精加工。

五是通常加工效率低于切削加工，可先用切削加工粗加工，再用电火花精加工。

六是放电过程中有一部分能量消耗于工具电极而导致电极消耗，对成型精度有一定影响。

（三）电火花加工的应用

电火花加工在各行各业的应用日益广泛，尤其对一些结构复杂、精度及工艺要求较严的工件，在传统加工方式难以达到要求的情况下，电火花加工是一种有效的加工方法。具体运用包括电火花穿孔加工、电火花型腔加工、电火花线切割加工、电火花磨削与镗削加工、电火花展成加工、电火花表面强化、非金属电火花加工以及电火花打印标记、刻字等。

1. 电火花穿孔加工

电火花穿孔加工常指贯通的等截面或变截面的二维型孔的电火花加工，如各种型孔（圆孔、方孔、多边孔、异形孔）、曲线孔（弯孔、螺旋孔）、小孔、微孔等的加工，如图2-3所示。

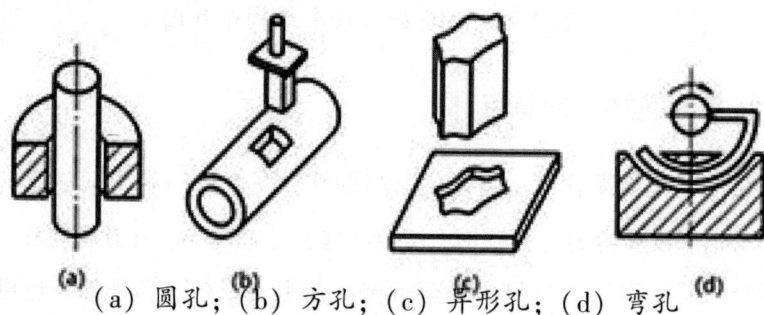

（a）圆孔；（b）方孔；（c）异形孔；（d）弯孔

图2-3　电火花穿孔加工

电火花穿孔加工的尺寸精度主要取决于工具电极的尺寸和放电间隙。工具电极的截面轮廓尺寸要比预定加工的型孔尺寸均匀地缩小一个加工间隙，其尺寸精度要比工件高一级，表面粗糙度值应比工件的小。一般电火花加工后尺寸公差可达IT7级，表面粗糙度Ra值为1.25μm。

电火花加工较大孔时，一般先预制孔，留合适余量（单边余量为0.5～1mm），若余量太大，则生产率低，电火花加工时不好定位。

直径小于0.2mm的孔称为细微孔，国外目前可加工出深径比为5，直径为0.015mm的细微孔。在我国一般可加工出深径比为10，直径为0.05mm的细微孔。但加工细微孔的效率较低，因为工具电极制造困难，排屑也困难，单个脉冲的放电能量须由特殊的脉冲电源控制，对伺服进给系统要求更高。因此，加工细微孔的工具电极材料和工具电极的制造要求较高。

电火花穿孔加工发展较快的是电火花小孔加工。小孔加工电极截面小，容易变形，孔的深径比大，排屑困难。在加工时可采用管状电极，内通高压工作液，如图 2-4 所示。工具电极在回转的同时又做轴向进给运动，速度可达 60mm/min，远高于切削加工中小直径麻花钻头钻孔。此法适合加工直径为 0.3~3mm 的小孔，并可避免小直径（d≤1mm）钻头易折断的问题。此外，它还适用于在斜面和曲面上加工小孔，并可达较高尺寸精度和形状精度。

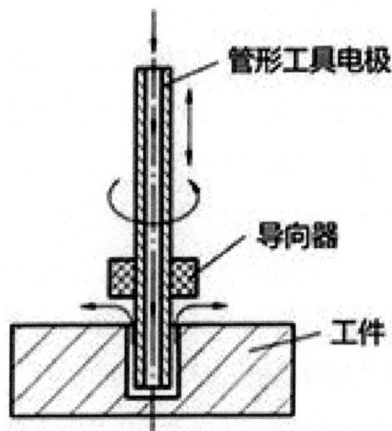

图 2-4　电火花小孔加工

2. 电火花型腔加工

电火花型腔加工一般指三维型腔和型面加工，也包括电火花雕刻加工，主要用于各类热锻模、挤压模、压铸模、塑料模及胶木模等型腔的加工及整体式叶轮、叶片等曲面零件的加工。以上型腔多为盲孔加工，且形状复杂，致使工作液难以循环，排渣困难，因此比电火花穿孔加工困难。为了改善加工条件，有时在工具电极中间开有冲油孔，以便冷却和排渣。

复杂的型腔各处深浅、圆角大小不一，使工具电极损耗不均，对加工精度影响很大。目前生产中主要采用单电极平动法、多电极更换法和分解电极加工法等，可提高加工速度，加大蚀除量，减小电极损耗，并能保证所要求的精度和表面粗糙度。

电火花穿孔加工和电火花型腔加工统称为电火花成型加工。

3. 电火花线切割加工

电火花线切割加工简称"线切割"，它是利用移动的细金属丝作为线状工具电极，按预定的轨迹与工件做相对运动，进行脉冲放电切割出所需工件的方法。加工时，用一根做正反向交替运动的细金属丝（通常为钼丝或黄铜丝）做工具电极，称为电极丝。在电极丝与工件之间通以脉冲电流且注以工作液介质，电极丝一边卷绕一边与工件之间发生火花放电，使工件产生电蚀而进行切割加工。根据工件与电极丝的相对运动，可以加工出各种不同形状的二维曲线轮廓。例如切割内封闭结构时，电极丝先穿过工件上预加工的工艺小孔，再经导轮由储丝筒带动做正反向的往复运动。

线切割时，由于电极丝不断移动，其损耗很小，因此加工精度较高，其平均加工精度可达 0.01mm，比电火花成型加工高效，加工表面粗糙度 Ra 值可达 1.6mm 甚至更小。与电火花成型加工不同的是，只有当电极丝和工件之间保持一定的轻微接触压力时，才形成火花放电。

数控高速走丝线切割机床的钼丝类电极丝直径为 0.03~0.25mm，走丝速度为 8~12m/s，电极丝可重复使用，国产的线切割机床多数是此类机床。但这类机床的运丝速度快，易造成电极丝抖动，导轮损耗较快，电极丝在往复运动时的放电损耗对加工精度也有一定的影响，从而使加工质量下降。数控低速走丝线切割机床采用直径为 0.003~0.3mm 的铜丝做电极丝，电极丝做低速单向运动，一般走丝速度为 0.001~0.25m/s，自动化程度高，加工稳定性好，易获得较高的加工精度和较小的表面粗糙度值，适用于精密模具和高精度零件加工。

电火花线切割机床普遍采用计算机数字控制（CNC）装置。电火花线切割加工与电火花成型加工比较，有以下特点：

（1）由于加工表面的轮廓是由 CNC 控制的复合运动所获得的，所以可切割复杂表面。

（2）可加工细微的几何形状、切缝和很小的内角半径。线电极在加工中不断运动，使单位长度电极丝损耗较少，对加工精度影响小，因而加工精度较高，大大高于电火花成型加工。

（3）无须特定形状的工具电极，降低、节约了生产成本及准备工时。

（4）在电参数相同情况下，比电火花成型加工生产率高，自动化程度高，操作方便。

（5）加工同样的工件，其总蚀除量少，材料利用率高，对加工贵重金属有重要意义。

（6）线切割的缺点是不能加工盲孔类零件和阶梯成型面。

二、电解加工

电解加工属于电化学加工方法，是继电火花加工之后发展较快、应用较广泛的一种特种加工方法。我国于 20 世纪 50 年代将这一工艺成功地应用到军工领域炮管腔线的加工研究中，不久之后又推广到船厂发动机叶片型面和锻模型面的加工。目前电解加工已在许多方面取得了突破性进展，如涡轮叶片、整体涡轮、锻模型腔、齿轮、花键、异形孔等复杂型面、型孔的加工中，同时也设计了各种新型的电解加工机床。

（一）电解加工的原理

电解加工是利用金属在电解液中发生阳极溶解的电化学原理去除工件上多余的材料将零件加工成型的一种方法。电解加工示意图如图 2-5 所示。零件加工时，工件接电源正极（阳极），按一定形状要求制成的工具接负极（阴极），两极之间保持较小的间隙，具有一定压力的电解液从两极间隙中高速流过。

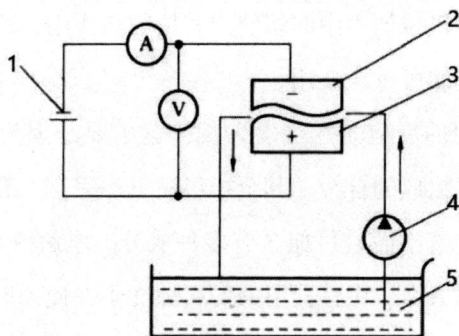

1—直流电源；2—工具阴极；

3—工件阳极；4—电解液泵；5—电解液

图 2-5　电解加工示意

电解加工的原理如图 2-6 所示，图中的细竖线表示通过阳极（工件）和阴极（工具）间的电流。竖线的疏密程度表示电流密度的大小。电解加工开始时，工件阳极与工具阴极的形状不同，工件表面上的各点至工具表面的距离不等，因而各点的电流密度不等。阳极与阴极距离较近的地方通过的电流密度较大，电解液的流速也较高，阳极溶解的速度也就较快，如图 2-6（a）所示。由于工具相对工件不断进给，工件表面就不断被溶解，电解产物不断被电解液冲走，直至工件表面形成与工具表面基本相似的形状为止，如图 2-6（b）所示。

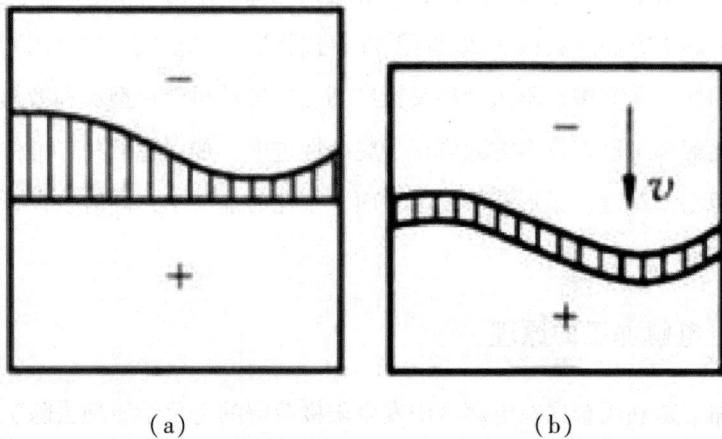

（a）　　　　　　　　（b）

（a）加工前；（b）加工后

图 2-6　电解加工的原理

电解加工过程没有机械加工中的切削力和切削热作用，也没有电火花加工中热的影响。电解液经过滤可重复使用。

电解加工时电极间的反应是相当复杂的，这主要是因为工件一般不是纯金属，而是各种金属元素组成的合金，其金相组织也不完全一致，所用的电解液往往也不是该金属盐的溶液，而且可能含有多种成分。电解液可分为中性盐溶液、酸性溶液、碱性溶液三大类，中性盐溶液的腐蚀性小，使用时较安全，故应用最普遍。

（二）电解加工的特点

一是加工范围广，可成型范围宽。电解加工不受金属材料本身强度、硬度和韧性的限制，可以加工硬质合金、淬火钢、不锈钢、耐热合金等高硬度、高强度及高韧性的导电材料。从简单的圆孔、型孔到如叶片、锻模等复杂型面、型腔都可以加工。

二是加工表面质量好。由于材料以离子状态去除，且为冷态加工，加工中无切削力和切削热的作用，因此不产生由此引起的变形、残余应力和加工硬化，表面光整、无加工纹路，无毛刺、飞边，适用于加工易变形或薄壁零件。

三是加工过程中工具电极理论上无损耗，可长期使用。

四是生产率较高。在加工难切削材料、复杂形状工件时，比切削加工的生产率高，为电火花加工的 5~10 倍。

五是能以简单的进给运动一次加工出形状复杂的型腔和型面。

六是附属设备多，造价高，占地面积大，加工稳定性尚不够高；而且电解液对机床有腐蚀作用且会污染环境，电解产物的处理和回收困难。

（三）电解加工的应用

电解加工工艺在各种深孔、型孔、套料、型腔、型面、电解倒棱去毛刺等方面获得了广泛的应用。

1. 深孔加工

电解加工深孔，按工具（阴极）的运动方式可分为固定式和移动式两种。固定式即工件和工具间没有相对运动，适用于孔径较小、深度不大的工件，其特点是：设备简单，生产效率高，只须用一套夹具就可保证工具与工件相对位置循环电解液，操作简单，便于实现自动化。但所需电源功率较大，在进出口处由于温度及电解产物含量等不相同，易引起加工表面的表面粗糙度和加工精度不均匀一致。移动式加工通常采用卧式，工具在零件内孔做轴向移动，其特点是：工具较短、精度要求较低、制造简单、不受电源功率的限制，但在工件两端由于加工面积不断变化而引起电流密度的变化，会出现收口和喇叭口，须采取自动控制措施。

2. 型孔、套料加工

对一些形状复杂、尺寸较小的四方、六方、椭圆、半圆等形状的通孔和不通孔，机械加工很困难，可采用电解加工。用套料加工方法可以加工等截面的大面积异形孔或用于等截面薄型零件的下料。

3. 型腔加工

各种模具的型腔大多采用电火花加工，因为电火花加工的精度比电解加工的精度高，但其生产率低，因此对模具消耗较大、精度要求不太高的矿山机械、农业机械等所需的锻模已逐渐采用电解加工。

4. 型面加工

涡轮发动机、增压器、汽轮机等的叶片，是一种典型的异形零件，其型面形状复杂、精度要求高、加工工作量大，材料多为耐热或高温合金钢。采用机械加工，难度大、生产率低、加工周期长，而采用电解加工，在一次行程中就可加工出复杂的叶身型面，生产率高、表面粗糙度值小，因此在生产上已获得普遍的应用。例如电解加工整体叶轮时，只要把叶轮坯加工好，就可直接在轮坯上电解加工叶片，加工周期大大缩短，且叶轮强度高，质量好。

5. 电解倒棱去毛刺

机械加工中钳工去毛刺的工作量很大，尤其是去除硬而韧的金属毛刺，需要很多的人力，有的空间狭小而难以去除。电解倒棱去毛刺可以大大提高工效，节省费用。

三、超声波加工

一般情况下，电火花加工和电解加工都只能加工金属导电材料，无法加工导电性不好的非金属材料，而超声波加工不仅能加工硬质合金、淬火钢等导电的脆硬金属材料，而且更适合加工玻璃、陶瓷、半导体、锗和硅片等导电性不好的非金属脆硬材料，同时还可以用于清洗、焊接和探伤等。

（一）超声波加工的原理

超声波加工是利用工具端面做超声频振动，通过磨料悬浮液加工脆硬材料的一种加工方法，其加工原理如图 2-7 所示。加工时在工具头与工件之间加入液体与磨料混合的悬浮液，并在工具头振动方向加上一个不大的压力，超声波发生器产生的超声频电振荡通过换能器转变为超声频的机械振动，变幅杆将振幅放大到 0.01~0.15mm，再传给工具，并驱动工具端面做超声振动，迫使悬浮液中的悬浮磨料以很大速度不断撞击抛磨被加工表面，把加工区域的材料粉碎成很细的微粒，从工件上打击下来。虽然每次打击下来的材料不多，但由于每秒钟打击16 000次以上，所以仍存在一定的加工速度。此外，当工具端面以很大的加速度离开工件表面时，加工间隙中的工作液内可能由于负压和局部真空形成许多微空腔。当工件端面再以很大的加速度接近工件表面时，空腔闭合，从而形成可以强化加工过程的液压冲击波，这种现象称为"超声空化"。悬浮液受工具端部的超声振动作用而产生的液压冲击和空化现象促使液体钻入被加工材料的隙裂处，加速了工件表面的破坏，也促使悬浮液在加工间隙中循环，使变钝了的磨粒及时得到更换。

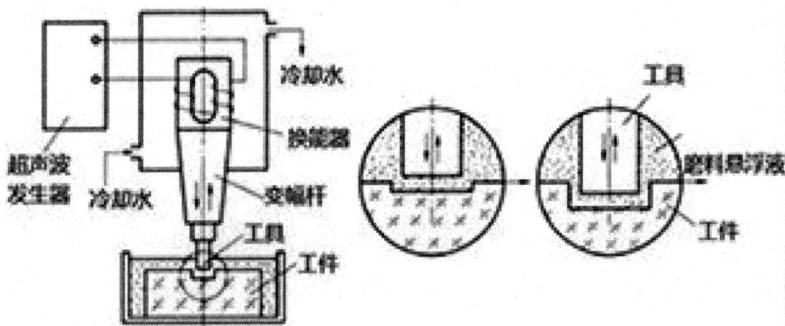

图 2-7　超声波加工原理

由此可见，超声波加工是磨料在超声波振动作用下的机械撞击和抛磨作用与超声波空化作用的综合结果，其中磨料的连续冲击是主要的。

（二）超声波加工的特点

一是超声波加工适用于加工各种脆硬材料，特别是一些导电性不好的非金属材料，如玻璃、陶瓷、玛瑙、宝石及各种半导体等，对导电的硬质金属材料如淬火钢、硬质合金也能加工，但生产率低。

二是由于超声波加工主要靠极小的磨粒瞬时的局部冲击作用，故工件表面的宏观切削力很小，切削应力、切削热更小，因此可获得较高的加工精度（尺寸精度可达0.02~0.01mm）和较小的表面粗糙度值（0.8~0.1μm），被加工表面无残余应力、烧伤等现象，也适合加工薄壁、窄缝和低刚度零件。

三是在加工过程中不需要工具和工件做比较复杂的相对运动，因此超声波加工设备和工具结构一般比较简单，操作维修方便。

四是采用的工具材料较软，易制成复杂形状。

（三）超声波加工的应用

超声波加工的生产率虽然比电火花加工和电解加工低，但其加工精度和表面质量都优于它们，更重要的是可以加工它们难以加工的半导体和非金属的脆硬材料，如玻璃、陶瓷、石英、硅、玛瑙、宝石、金刚石等；而且，对于电火花加工后的一些淬火钢、硬质合金冲模、拉丝模、塑料模等，最后还经常用超声波进行抛磨、光整加工。

1. 型孔和型腔的加工

超声波目前主要应用在脆硬材料的圆孔、型腔、异形孔、套料、微细孔等的加工。

2. 切割加工

对于难以用普通加工方法切割的脆硬材料，如陶瓷、石英、锗、硅、宝石等，用超声波切割具有切片薄、切口窄、精度高、生产率高、经济性好等优点。

3. 超声波清洗

超声波清洗的原理主要是清洗液在超声波作用下产生交变冲击波和超声空化效应。超声空化效应产生的强烈冲击液直接作用到被清洗的部位，使污物遭到破坏，并从被清洗表面脱落下来。此方法主要用于几何形状复杂、清洗质量要求高而用其他方法清洗效果差的中小精密零件，特别是工件上的深小孔、微孔、弯孔、盲孔、沟槽、窄缝等部位的精清洗，生产率和净化率都很高。目前在半导体和集成电路元件、仪器仪表零件、电真空器件、光学零件、医疗器械等的清洗中应用。

4. 超声波焊接

超声波焊接就是利用超声振动作用去除工件表面的氧化膜，使工件露出本体表面，两个被焊工件表面在高速振动撞击下摩擦发热并亲和黏在一起。此方法可以焊接尼龙、塑料及表面易生成氧化膜的铝制品，还可以在陶瓷等非金属表面挂锡、挂银，从而改善这些材料的可焊性。

5. 复合加工

超声波加工硬质合金、耐热合金等硬质金属材料时加工速度低，工具损耗大。为了提高加工速度和降低工具损耗，采用超声波加工、电解加工或电火花加工相结合来加工，这样可大大提高生产率和质量。还可以利用超声振动来研磨抛光电火花加工或电解加工之后的模具表面和拉丝模小孔，使表面的粗糙度值进一步减小。另外，在切削加工中引入超声波振动（如对耐热钢、不锈钢等硬韧材料进行车削、钻孔、攻螺纹时），可以降低切削力、减小表面粗糙度值、延长刀具使用寿命及提高生产率等。

四、激光加工

（一）激光加工的原理

激光是通过入射光子来激发处于亚稳态的较高能级的原子、离子或分子使其跃迁到低能级时完成受激辐射所发出的加强光。激光与普通光相比具有强度高、方向性好、相干性和单色性好等特点。由于激光的单色性好和具有很小的发散角，因此可通过光学系统将激光束聚焦成尺寸与光波波长相近的极小光斑（直径几微米至几十微米），其功率密度可达 $10^7 \sim 10^{11} \text{W/cm}^2$，温度可达 $10\,000℃$。

激光加工是以激光为热源对工件材料进行热加工的方法。其加工过程大体分为如下阶段：激光束照射工件材料，工件材料吸收光能，光能转变为热能使工件材料无损加热，工件材料在瞬间（10^{-3}s）被熔化、汽化并溅出去除或破坏，激光辐射作用停止后，工件加工区材料表层将发生一系列变化，形成特殊性能的新表面层。所以，激光加工是在光热效应下产生的高温熔融和冲击波的综合作用过程。

图 2-8 为固体激光打孔的加工原理。激光器是激光加工设备的核心，它能把电能转换成激光束输出。常用的激光器有固体和气体两大类。固体激光器常由主体光泵（激励源）及谐振腔（由全反射镜、半反射镜组成）、工作物质（一些发光材料，如钇铝石榴石、红宝石、钕玻璃等）、聚光器、聚焦透镜等组成。图 2-8 中激光器的工作物质为钇铝石榴石，当其受激励泵（脉冲氙灯）激发后，其粒子由低能级激发到高能级。在一定条件下，少量激发粒子受激辐射跃迁使得光放

大，然后通过谐振腔内的全反射镜和部分反射镜的反馈作用产生振荡，此时由谐振腔的一端输出激光。由激光器发射的激光再通过透镜聚焦形成高能光束照射到工件的加工表面，即可对工件进行加工。

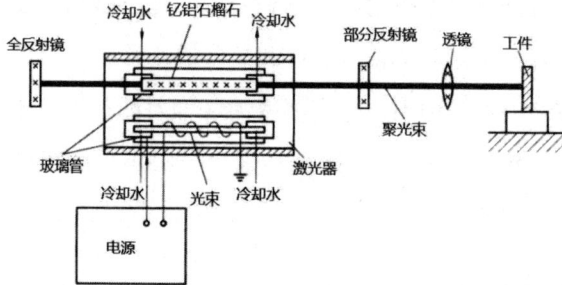

图 2-8　固体激光打孔的加工原理

（二）激光加工的特点

一是激光加工属非接触加工，无明显机械力，也无工具损耗，工件不变形，加工速度快，加工精度高，易实现自动化。

二是因聚焦后，激光加工的功率密度可高达 $10^7 \sim 10^{11} \mathrm{W/cm}^2$，是所有加工方法中最高的，所以不受材料限制，几乎可加工任何金属与非金属材料。

三是激光加工可通过惰性气体、空气或透明介质对工件进行加工，如可通过玻璃对隔离室内的工件进行加工或对真空管内的工件进行焊接。加工表面有光泽或透明材料时，要进行色化或打毛处理。

四是激光可聚焦形成微米级光斑，输出功率大小可调节，常用于精密细微加工，最高加工精度可达 0.001mm，表面粗糙度 Ra 值可达 $0.4 \sim 0.1 \mu \mathrm{m}$。

五是和电子束加工相比，激光加工装置比较简单，无须复杂的抽真空装置。

六是能源消耗少，无加工污染，在节能、环保等方面有较大优势。

（三）激光加工的应用

1. 激光打孔

激光打孔主要用于特殊材料或特殊工件上的孔加工，如仪表中的宝石轴承、陶瓷、玻璃、金刚石拉丝模等非金属材料和硬质合金、不锈钢等金属材料的细微孔的加工。激光打孔的效率非常高，功率密度通常为 $10^7 \sim 10^8\,\mathrm{W/cm^2}$，打孔时间甚至可缩短至传统切削加工的 1‰ 以下，生产率大大提高。激光打孔的尺寸公差等级可达 IT7，表面粗糙度 Ra 值可达 $0.16 \sim 0.08\,\mu\mathrm{m}$。

2. 激光焊接

激光焊接是以聚焦的激光束作为能源的特种熔化焊接方法。焊接用激光器利用原子受激辐射的原理，使物质受激而产生波长均一、方向一致和强度非常高的光束。经聚焦后，激光束的能量更为集中，能量密度可达 $10^5 \sim 10^7\,\mathrm{W/cm^2}$。将焦点调节到焊件结合处，光能迅速转换成热能，使金属瞬间熔化，冷却凝固后成为焊缝。激光焊接过程迅速，热影响区小，焊接质量高。既可以焊接同种材料，也可以焊接异种材料，还可以透过玻璃进行焊接。

3. 激光切割

激光切割与激光打孔原理基本相似，是利用聚焦以后的高功率密度（$10^5 \sim 10^7\,\mathrm{W/cm^2}$）激光束连续照射工件，光束能量以及活性气体辅助切割过程附加的化学反应热能均被材料吸收，引起照射点材料温度急剧上升，到达沸点后材料开始汽化，并形成孔洞，且光束与工件相对移动，使材料形成切缝，切缝处熔渣被一定压力的辅助气体吹除，其切割的原理如图 2-9 所示。

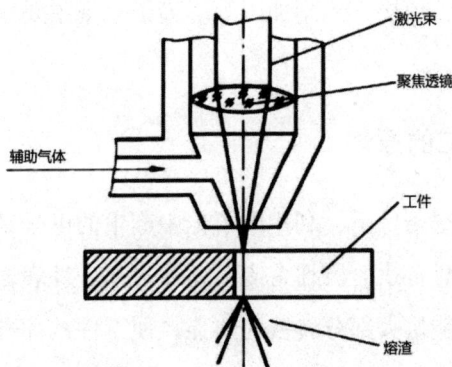

图 2-9　激光切割原理

激光切割是激光加工中应用最广泛的一种，主要是因为其切割速度快、质量高、省材料、热影响区小、变形小、无刀具磨损、没有接触能量损耗、噪声小、易实现自动化，而且还可穿透玻璃切割真空管内的灯丝。由于以上诸多优点，激光切割深受各制造领域欢迎，不足之处是一次性投资较大，且切割深度受限。

4. 激光表面热处理

当激光能量密度为 $10^3 \sim 10^5 \mathrm{W/cm}^2$ 时，对铸铁、中碳钢，甚至低碳钢等材料表面进行扫描，在极短的时间内加热到相变温度（由扫描速度决定时间长短），工件表层由于热量迅速向内传导快速冷却，实现了工件表层材料的相变硬化（激光淬火）。

与其他表面热处理比较，激光表面热处理工艺简单，生产率高，工艺过程易实现自动化。一般无须冷却介质，对环境无污染；对工件表面加热快，冷却快，硬度比常温淬火高 15％~20％；耗能少，工件变形小，适合精密局部表面硬化及内孔或形状复杂零件表面的局部硬化处理。但激光表面热处理设备费用高，工件表面硬化深度受限，因而不适用于大负荷的重型零件。

5. 其他应用

近年来，各行业对激光合金化、激光抛光、激光冲击硬化法、激光清洗模具技术也在不断深入研究及应用中。

五、电子束加工

近年来，在精密微细加工方面发展较快的新兴特种加工为电子束和离子束加工。电子束多用于打孔、焊接、光刻加工等。离子束则主要用于刻蚀、镀膜及离子注入等。

（一）电子束加工的原理

电子束加工是在真空条件下，利用电子枪中产生的电子经加速、聚焦后，产生能量密度为 $10^6 \sim 10^9 \mathrm{W/cm}^2$ 的极细束流高速冲击到工件表面上极小的部位，并在几分之一微秒内，其能量大部分转换为热能，使工件被冲击部位的材料达到几千摄氏度，致使材料局部熔化甚至汽化，来去除材料。图 2-10 为电子束加工原理。

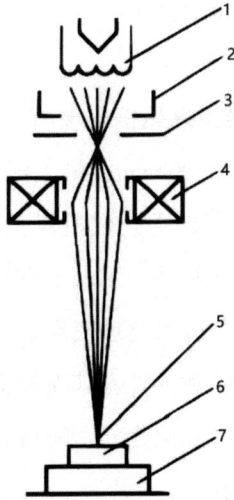

1—发射阴极；2—控制栅极；3—加速阳极；
4—聚焦系统；5—电子束斑点；6—工件；7—工作台

图 2-10 电子束加工原理

（二）电子束加工的特点

1. 高功率密度

电子束半径可达到微米级，可使照射材料表面温度高达数千摄氏度，进而使材料熔化和汽化，从而去除材料。由于属非接触式加工，工件不受机械力作用，因此很少产生宏观应力变形，同时也不存在工具损耗问题。

2. 电子束强度、位置、聚焦可精确控制

强度和束斑大小控制误差可达 1%以下，位置的控制准确度可达 $0.1\mu m$，电子束通过磁场和电场可在工件上以任何速度行进，便于自动化控制。

3. 环境污染少

电子束加工在真空环境下进行，使加工部位不受污染，不易氧化，适合加工纯度要求很高的半导体材料及易氧化的金属材料。

4. 需要整套的专用设备和真空系统，价格较贵

（三）电子束加工的应用

电子束加工根据其功率密度和能量注入时间的不同，可分别应用于打孔、切

割、焊接、蚀刻、热处理和光刻等加工。

1. 打孔

电子束可用来加工不锈钢、耐热钢、宝石、陶瓷、玻璃等各种材料上的小孔、深孔。最小加工直径可达 0.003mm，最大深径比可达 10。像机翼吸附屏的孔、喷气发动机套上的冷却孔，此类孔数量巨大（高达数百万），且孔径微小，密度连续分布而孔径也有变化非常适合用电子束打孔。另外，还可在塑料和人造革上打许多微孔，令其像真皮一样具有透气性。

一些合成纤维为增加透气性和弹性，其喷丝头型孔往往制成异形孔截面可利用脉冲电子束对图形扫描制出。除此之外，还可凭借偏转磁场的变化使电子束在工件内偏转方向加工出弯曲的孔。

2. 切割

电子束可对各种材料进行切割，切口宽度仅有 3~6μm。利用电子束再配合工件的相对运动，可加工所需要的曲面。

3. 光刻

当使用低能量密度的电子束照射高分子材料时，将使材料分子链被切断或重新组合，引起分子量的变化即产生潜像，再将其浸入溶剂中将潜像显影出来。把这种方法与其他处理工艺结合使用，可实现在金属掩膜或材料表面上刻槽。

4. 其他应用

用计算机控制，对陶瓷、半导体或金属材料进行电子刻蚀加工、异种金属焊接、电子束热处理等。

六、离子束加工

（一）离子束加工的原理

离子束加工是在真空条件下利用离子源（离子枪）产生的离子经加速聚焦形成高能的离子束流投射到工件表面，使材料变形、破坏、分离以达到加工目的。因为离子带正电荷且质量是电子的千万倍，且加速到较高速度时，具有比电子束大得多的撞击动能。因此，离子束撞击工件将引起变形、分离、破坏等机械作用，而不像电子束是通过热效应进行加工的。

（二）离子束加工的特点

一是加工精度高。因离子束流密度和能量可得到精确控制，所以可以实现纳米级的加工，是当代纳米加工技术的基础。

二是在较高真空度下进行加工，环境污染少。特别适合加工高纯度的半导体材料及易氧化的金属材料。

三是加工应力小，变形极微小，加工表面质量非常高，适合各种材料和低刚度零件的加工。

（三）离子束加工的应用

离子束加工的应用包括离子刻蚀、离子溅射沉积、离子镀膜及离子注入等。

1. 离子刻蚀

当所带能量为 0.1~5keV、直径为十分之几纳米的氩离子轰击工件表面时，此高能离子所传递的能量超过工件表面原子（或分子）间键合力，材料表面的原子（或分子）被逐个溅射出来，以达到加工目的。这种加工本质上属于一种原子尺度的切削加工，通常又称为离子铣削。离子刻蚀可用于加工空气轴承的沟槽、打孔、加工极薄材料及超高精度非球面透镜，还可用于刻蚀集成电路等的高精度图形。

2. 离子溅射沉积

采用能量为 0.1~5keV 的氩离子轰击某种材料制成的靶材，将靶材原子击出并令其沉积到工件表面上并形成一层薄膜，实际上此法为一种镀膜工艺。

3. 离子镀膜

离子镀膜一方面是把靶材射出的原子向工件表面沉积，另一方面还有高速中性粒子打击工件表面以增强镀层与基材之间的结合力（可达 10~20MPa）。由于此法适应性强、膜层均匀致密、韧性好、沉积速度快，目前已获得广泛应用。

4. 离子注入

用 5~500keV 能量的离子束直接轰击工件表面，由于离子能量相当大可使离子钻进被加工工件材料表面层，改变其表面层的化学成分，从而改变工件表面层的机械物理性能。此法不受温度及注入何种元素及粒量限制，可根据不同需求注入不同元素（如磷、氮、碳等）。注入表面元素的均匀性好、纯度高，其注入的粒量及深度可控制，但设备费用大、成本高、生产率较低。

第四节　数控加工技术

数控加工技术集微电子、计算机、信息处理、自动检测、自动控制等高新技术于一体。

一、数控机床的基本组成

以数字技术实现机床主运动与进给运动的自动化控制，这种机床称为数控机床。在数控机床上，零件加工的全过程是由数控加工程序控制的。数控加工程序是被加工零件的几何信息和工艺信息按规定的代码和格式编写的加工程序。

数控机床主要是由输入与输出装置、数控系统、伺服系统、机床主机和其他辅助装置组成。数控装备的供应厂家，一般将输入与输出装置、数控装置、位置控制和速度控制等部分集成在一起，称为计算机数字控制系统，即 CNC（Computer Numerical Control）。伺服系统是指伺服电动机和检测元件。机械机构，如滚珠丝杠机构、滑动工作台与机床床身等组成机床主机部分。冷却部分、转位刀架、液压油缸等为数控机床的辅助部分。

将数控加工程序以适当的方式输入数控机床的数控装置中，数控装置对数控加工程序的代码进行各种数值运算与处理，得到的结果以数字信号的形式传送给机床的伺服电动机（如步进电动机、直流伺服电动机、交流伺服电动机等），经传动装置（如滚珠丝杠螺母副等）使机床按数控程序规定的顺序、速度和位移量进行工作，从而加工出符合图纸技术要求的零件。

（一）输入与输出装置

1. 输入装置

输入装置是将数控指令传输给数控系统的装置。数控指令可手动输入，也可直接输入。

（1）手动输入

手动输入：由操作者将数控程序直接输入数控系统中。手动输入方式又可分为以下三种：

①操作者在数控装置操作面板上用键盘输入加工程序的指令，称为 MDI（Manual Data Input）功能。它适用于比较短的程序，只能使用一次，机床动作后程序即消失。MDI 功能允许手动输入一个命令或一段程序的指令，并即时启动运行。

②在控制装置编辑状态下，用软件输入加工程序，并存入控制装置的存储器中，称为 EDIT 功能。这种输入方法可重复使用程序。一般手工编程均采用这种方法。

③在具有会话编程功能的数控装置上，按照显示器上提示，以人机对话的方式，输入有关的尺寸数值，就可自动生成加工程序。

（2）直接输入

零件加工程序在上级计算机中生成，以计算机与数控装置直接通信的方式传输程序，CNC 系统一边加工一边接收来自上级计算机的后续程序段。这种方式适用于采用 CAD/CAM 软件设计的复杂工件并直接生成零件加工程序的情况。

2. 输出装置

输出装置有数码管显示器、阴极射线管显示器、液晶显示器、输出接口等。通过软件与接口，可以在显示器上显示程序、加工参数、各种补偿量、坐标位置、故障信息。可以采用人机对话编辑加工程序、零件图形、动态刀具轨迹等。先进的数控系统有丰富的显示功能，如具有实时图形显示、PLC 梯形图显示和多窗口的其他显示功能。

（二）数控系统

数控系统是数控机床的核心部件。数控（Numerical Control）系统简称 NC 系统，是以数字逻辑电路连接的系统。随着计算机技术的迅速发展，CNC 系统得到了广泛的应用。利用计算机的存储容量大、运行速度快、快速处理数据的能力以及丰富的软、硬件资源等优点，CNC 系统完全代替了硬连接方式的 NC 系统。现代数控机床采用的数控系统均为 CNC 系统。

数控系统由信息的输入、处理和输出三部分组成。数控装置接收数字化信息，经过数控装置的控制软件和逻辑电路进行译码、插补、逻辑处理后，将各种指令信息输出给伺服系统，伺服系统驱动执行部件做进给运动。数控装置还能实现控制主运动部件的变速、换向和启停，控制刀具选择和交换，控制切削液泵的启停，控制工件和机床部件松开、夹紧、分度台转位等辅助机能。数控装置内部信息处理的结果能在显示器中显示出来。

按数控装置的功能不同，数控系统分为以下三大类型：

1. 点位控制系统

点位控制系统在运动过程中不进行切削加工，对运动轨迹没有要求，只控制工具相对工件从某一加工点移到另一个加工点之间的精确坐标位置，要求有较高的终点定位精度。数控程序中一般不指定进给速度，按事先规定的速度（较快的定位速度）运动。该系统常用于数控钻床、数控钻镗床、数控冲床等。

2. 直线控制系统

直线控制系统不仅要控制点与点的精确位置，还要控制两点之间的移动轨迹是一条直线，且在移动中能以给定的进给速度进行加工。指令中要给出下一位置的数值，同时给出移动到该位置的进给速度。直线控制系统通常在坐标轴运动的同时进行切削加工，坐标轴的驱动要承受切削力。采用此类控制方式的设备有数控车床、数控铣床等。

3. 轮廓控制系统

轮廓控制系统能够对两个或两个以上坐标轴进行严格控制，即不仅控制每个坐标的行程位置，还控制移动至该位置的每个坐标的运动速度。各坐标轴的进给速度是根据轮廓各轴相互位置关系而变化的。各坐标的运动按规定的比例关系相互配合，精确地协调起来连续进行加工，以形成所需要的直线、斜线或曲线、曲面。

在轮廓控制系统中采用插补运算来处理各坐标轴速度的变化。各坐标轴移动的同时刀具进行切削，各坐标轴均承受切削力。采用此类控制方式的设备有数控车床、数控铣床、加工中心、电加工机床、特种加工机床等。

轮廓控制系统能加工复杂曲面的零件，能控制多坐标轴联动的数控机床，并具有空间直线或圆弧的插补功能。配置有轮廓控制 CNC 系统的数控车床，具有两轴联动,能加工外圆、锥度以及母线为曲线的回转体。数控铣床具有两轴半或三轴联动的 CNC 系统,能进行平面插补或空间插补。两轴半的数控铣床,其中两轴联动,当两轴停止时,另一轴做进给运动。加工中心具有三轴、四轴或五轴联动的功能,能加工空间任意曲面,具备直线插补、圆弧插补、条样插补、渐开线插补、螺旋插补等多种插补功能。插补功能越强与控制的轴数越多,CNC 系统越复杂,造价也越高。能进行轮廓控制的 CNC 系统,也能进行直线控制或点位控制。

(三)伺服系统

伺服系统是数控系统与机床主机连接的重要环节,也是数控机床执行机构的驱动部件。伺服系统的作用是把数控系统发出的脉冲信号,经功率放大、整形处理后转换成机床执行部件的直线位移或角位移。伺服系统的性能直接影响数控机床执行机构的工作精度、负载能力、响应快慢和稳定程度等。因此,伺服系统被作为独立部分,与数控系统、机床主机并列为数控机床的三大组成部分。

伺服系统包括驱动装置和执行机构两大部分。驱动装置由主轴驱动单元、进给驱动单元、主轴伺服电动机、进给伺服电动机组成。步进电动机、直流伺服电动机和交流伺服电动机是常用的伺服元件。执行机构(如主轴箱、工作台、转位刀架等)由相应的驱动装置来驱动。

1. 伺服电动机的类型

(1)直流伺服电动机

它在原理和结构上类似于普通直流电动机。其特征是采用直流电源供电,从伺服技术的发展历史来看,直流伺服系统是出现得最早的伺服系统。早期的数控机床均采用直流伺服电动机作为进给驱动元件。

直流伺服系统的主要优点是控制系统比较简单、容易实现,控制成本低,可靠性高。直流伺服电动机的主要缺点是由于内部具有机械换向装置,运行时换向电刷容易磨损,需要经常加以维护。另外,运行时直流伺服电动机的换向器会打火花,高速重载时,火花可能造成电极之间击穿短路,这就使直流伺服电动机的转速与输出功率的提高都受到限制。

(2)交流伺服电动机

与直流伺服系统相比较,交流伺服系统的主要优点是其结构简单、坚固耐用。由于交流伺服电动机没有机械换向装置，所以基本上不需要日常维护，其运行速度与输出功率都明显高于直流伺服电动机。但交流伺服系统实现起来其难度和复杂性都比直流伺服系统要高得多，整个系统的成本也较直流伺服系统要高许多。出于这些原因，交流伺服系统目前还不能完全替代直流伺服系统。但随着微处理器技术和电力电子半导体技术的发展，交流伺服系统逐步得到发展与完善，逐渐显示出其明显的优越性，所以目前正代替直流伺服系统，成为数控机床技术中的主流。

（3）步进电动机

它是一种将电脉冲信号转换成机械位移量的执行元件。给步进电动机激磁绕组输入一个电脉冲，转子就转过一个相应的角度，称为步距角。步进电动机的角位移量与输入脉冲的个数成正比，时间上与输入脉冲同步。因此，只要控制输入脉冲的数量、频率和通电绕组的顺序，就可以获得所需要的转角、转速与转向。步进电动机的调速范围、响应特性、位置精度等能满足一般的数控应用要求。

步进电动机的控制系统简单，价格低廉。经济型数控系统就是以步进电动机为驱动元件的。但是，步进电动机的动态特性远不如交流、直流伺服电动机，尤其是运行的可靠性差。随着数控技术的不断发展，步进电动机现在已经使用得较少，只在某些切削速度很低的数控机床，如线切割机床上使用。

（4）直线电动机

它相当于旋转电动机的"鼠笼"沿其圆周展开，将旋转电动机的定子绕组与移动部件连接在一起，电动机的转子与固定部件连接在一起。在驱动装置的控制下实现直线往复运动，这是一种新型的电动机。采用直线电动机，直接产生可控的直线运动，省去了丝杠螺母传动机构与运动导轨，缩短传动路线，机床的结构大为简化，并提高了数控机床的工作特性。

2. 伺服系统的分类

（1）开环控制伺服系统

开环控制伺服系统采用步进电动机作为驱动元件，它不需要位置与速度检测元件，也没有反馈电路。开环控制由于简单、易于调整，稳定性与可靠性容易得到保证，在精度要求不太高的场合得到较广泛的应用。

（2）闭环控制伺服系统

闭环控制伺服系统通常采用伺服电动机作为驱动元件。闭环控制将位移与速度传感器安装在工作台或其他执行元件上，直接测量和反馈它们的速度与位置，并与数控装置的位移指令随时进行比较和校正。由于传动系统的刚度、误差和间隙都已经被包含在反馈控制环路以内，所以最终实现的精度仅仅取决于检测元件的测量误差。

闭环控制伺服系统将数控机床本身包括在位置控制环之内，因此机械系统引起的误差可由反馈控制消除，但数控机床本身固有频率、阻尼、间隙等的影响，成为系统不稳定的因素，从而增加了系统设计和调试的困难。故闭环控制伺服系统的特点是精度较高，但系统的结构较复杂、成本高，而且调试维修较难，因此适用于大型精密机床。

（3）半闭环控制伺服系统

半闭环控制伺服系统的位置与速度传感器安装在电动机的输出端，伺服系统直接控制伺服电动机的转速与转角，通过减速器或滚珠丝杠等传动机构间接地控制工作台或其他执行部件的速度与位移。如果传动机构具有足够的刚性，较小的传动误差和间隙可以经数控系统予以补偿，并且具有高精度的机械传动装置，则数控机床的最终加工精度是可以得到保证的。

目前，数控机床大多数仍然采用半闭环的控制方式。

3. 伺服系统检测元件

检测元件是伺服系统中重要的组成部分。在闭环、半闭环控制伺服系统中，检测元件把位移和速度的测量信息作为反馈信号，送回数控系统与输入指令信号进行比较，使得测量值与输入值之差为零，从而保证机床精确地运动到所要求的位置。因此，检测元件的性能将直接影响数控机床的定位精度和加工精度。检测元件有以下两种：

（1）直线型检测元件

它主要是对机床直线位移量进行检测。例如数控车床上检测刀架的直线位移、数控铣床上检测工作台的直线位移等。用直线型检测元件直接测量直线位移量，其测量精度主要取决于测量元件的精度。磁尺是较常用的直线型检测元件。

直线型检测元件的主要缺点是测量元件要与工作台的行程等长，一般直接安装在工作台的侧面。由于检测元件的热膨胀系数与机床床身的热膨胀系数不同会造成测量误差。且为避免加工环境的污染，还要对检测元件进行密封，这给安装、使用、维修都带来困难，产品价格也比较高，因此它的使用受到一定的限制。

（2）回转型检测元件

它通过间接测量工作台直线位移相关的回转运动，来间接取得工作台的直线位移量。通常将回转型检测元件安装在带动工作台运动的丝杠端部，检测元件旋转一周，工作台移动一个导程的位移。这种间接测量不受长度的限制。回转型检测元件体积小、安装方便。常用的回转型检测元件有脉冲编码器、旋转变压器、感应同步器、光栅等。

（四）机床主机

数控机床的机床主机从外观上看与普通机床相似，其实两者有很大的差异。与传统机床的机械构件相比，数控机床的机械构件要求传动刚度、传动精度更高，传动系统更具稳定性，快速响应能力更强。机床主机中的关键部件，如机床床身、导轨副、丝杠螺母副等，其特殊结构是普通机床所没有的。所以，不能简单地认为数控机床就是数控装置加普通机床组成的。因此，数控加工技术在机床上的开发应用，不但要进行数控系统的设计，还要进行机床结构设计。以下就数控机床主要的机械结构特点进行分析。

1. 机床床身结构

它是数控机床的主要基础件，起着支承和导向的作用，要求采用具有高刚度、高抗振性及较小热变形的机床新结构。数控车床的床身采用封闭的箱体结构，与普通机床床身结构相比，它的抗弯刚度与抗扭刚度高了许多。箱式机床床身结构中还保留着铸件的泥芯，这能提高系统的抗振能力并能吸收噪声。

现代数控机床可以采用焊接床身。试验表明钢板焊接的机床床身，比铸造床身的刚度有较大的提高。焊接床身的设计自由度大，可以灵活地布置焊缝、设计隔板、筋板，从而充分发挥结构的承载和抗变形能力。此外，它还有一个优点，即钢的弹性模量约为铸铁的两倍。因此，采用钢板焊接结构的车身固有频率提高，从而提高床身的结构刚度。

2. 导轨副

机床运动部件中，摩擦阻力主要来自导轨副。普通机床上的滑动导轨副的摩擦因数比较大，并且动、静摩擦因数的差别也大。数控系统对机床导轨运动的要求有：轻便、灵活，摩擦因数小，动、静摩擦因数的差别小，启动阻力小，低速运行时无爬行现象等。滚动导轨、贴塑导轨等能满足数控系统的要求。特别是滚动导轨，在导轨面间形成滚动摩擦，摩擦因数很小，动、静摩擦因数很相近。滚动导轨所需的功率小、摩擦发热少、磨损小、精度高，是数控机床理想的传动元件。常用的导轨副有以下几种类型。

（1）滚动直线导轨

滚动直线导轨是一种以滚动体为钢珠的单元式标准结构导轨元件，相对运动表面经研磨成四列圆弧沟槽，滚珠锁定在保持架上，实现顺畅的循环滚动。导轨沟槽圆弧的曲率为滚动体的 52％~53％，因而滚珠在负荷方向为两点接触，即使制造有误差仍能保持灵活转动，而且两者直径相差不大，使得接触应力小，运动约束好。单元式滚动直线导轨在制造时已消除了间隙，因而刚度和精度都较高。滚动直线导轨在装配平面上采用整体安装的方法，因而即使安装平面有些偏差，也能因自身变形的矫正而保证滚珠顺畅地滚动。

（2）滚动导轨块

滚动导轨块是一种圆柱滚动体的标准结构导轨元件。滚动导轨块安装在运动部件上，工作时滚动体在导轨块和支承件导轨平面（固定部件）之间运动，在导轨块内部实现循环。滚动导轨块刚度高、承载能力强、便于拆卸，它的行程取决于支承件导轨平面的长度。但该类导轨制造成本高，抗振性能欠佳。

（3）贴塑导轨

贴塑导轨是广泛用在数控机床进给系统中的一种滑动摩擦导轨。贴塑导轨将塑料基的黏接材料覆盖并粘贴于滑动部件的导轨上，与铸铁或镶钢的床身导轨配用，可改变原机床导轨的摩擦状态。目前，使用较普遍的自润滑复合材料是填充聚四氟乙烯软带。与传统滑动摩擦导轨相比，贴塑导轨的摩擦因数小，动、静摩擦因数差别小，低速无爬行，吸振、耐磨、抗撕伤能力强，成本低，加工性和化学稳定性好，并有良好的自润滑性和抗振性。聚四氟乙烯贴塑导轨可在原滑动导轨的基础上粘贴，不受几何形状的限制。

3. 滚珠丝杠螺母副

滚珠丝杠螺母副的主要特点是在丝杠和螺母的圆弧螺旋槽之间装有滚珠作为传动元件，因而摩擦因数小，传动效率可达 90％~95％，动、静摩擦因数相差小；在施加预紧后轴向刚度好，传动平稳，无间隙，不易产生爬行，随动精度和定位精度都较高。其是目前数控机床进给系统最常用的机械结构之一。但是，滚珠丝杠螺母副安装时要通过预紧消除间隙保证换向精度。

（五）辅助装置

辅助装置作为数控机床的配套部件，是保证充分发挥数控机床功能所必需的配套装置。常用的辅助装置有：①气动、液压装置。应用气动、液压系统，使机床完成自动换刀所需的动作，实现运动部件的制动和滑移齿轮移动变速，完成工作台的自动夹紧、松开，工件、刀具定位表面的自动吹屑等辅助功能。②排屑、冷却、润滑装置。③回转工作台和数控分度头。④防护、照明等装置。

二、数控机床加工的特点

自动化生产是人们始终追求的目标。成批大量生产时，采用专用设备、自动机床、组合机床、自动生产线等刚性自动化措施来实现。要实现多品种少批量生产自动化却是一个难题，数控技术在这方面有着重大突破。传统机械加工中由人做的工作，在数控机床中由程序控制自动完成，加工精度与生产效率都大大超过普通机床。所以，数控机床作为自动化设备在机械加工中得到广泛的应用。与普通机床相比，数控机床的特点体现在多个方面：

（一）数控机床在加工方面的特点

1. 数控机床加工精度高、质量稳定

高精度是数控机床的重要技术指标。随着数控技术的提高，数控机床的工作精度 8~10 年就提高一倍，现在正向着亚微米级精度迈进。数控机床有这样高的精度是由于采用了新型的机械结构。这主要表现在以下方面：

（1）数控机床的机床结构具有很高的刚度和热稳定性，并采取了减小误差的措施。有了误差还可以由数控装置进行补偿，所以数控机床有较高的加工精度。

（2）数控机床的传动系统采用无间隙的滚珠丝杠、滚动导轨、零间隙的齿轮机构等，大大提高了机床传动刚度、传动精度与重复精度。先进的数控机床采用直线电动机技术，使机床的机械传动误差为零。

（3）数控系统的误差补偿功能消除了系统误差。

（4）数控机床是自动加工，消除了人为误差，提高了同批零件加工尺寸的一致性，加工质量稳定。一次安装能进行多道工序的连续加工，减少了安装误差。

2. 数控机床能加工形状复杂的零件

采用二轴以上联动的数控机床，可以加工以母线为曲线的旋转体、凸轮、各种复杂空间曲面的零件，能完成普通机床难以完成的加工。例如船用螺旋桨是空间曲面体复杂零件，加工时采用端面铣刀、五轴联动数控机床才能进行加工。

3. 数控机床加工生产率高

生产率高主要表现在如下三个方面：

（1）节省辅助时间。数控机床配备有转位刀架、刀库等自动换刀机构。机械手能自动装卸刀具与工件，大大节省辅助时间。生产过程无须检验，节省检验时间。当加工零件改变时，除了重新装夹工件和更换刀具外，只须更换程序，节省了准备与调整时间。与普通机床相比，数控机床的生产率可提高 2~3 倍，加工中心生产率可提高十几倍至几十倍。

（2）提高进给速度。数控机床能有效地节省机动时间，快速移动缩短空行程的时间，进给量的范围较大，能有效地选用合理的切削用量。

（3）采用高速切削。数控加工时采用小直径刀具、小切深、小切宽、快速多次走刀来提高切削效率。高速加工的切削力大幅减小，需要的主轴扭矩相应减小，工件的变形也小。

高速切削不但能提高生产率，并且还有利于提高加工精度，减小表面粗糙度值。

（二）数控机床的适应性与经济性特点

1. 数控机床适应性强

数控机床能适应不同品种、规格和尺寸的工件加工。当改变加工零件时，只须用通用夹具装夹工件、更换刀具、更换加工程序，就可立即进行加工。计算机数控系统能利用系统控制软件灵活地增加或改变数控系统的功能，能适应生产发展的需要。

2. 数控机床加工有利于生产管理现代化

数控机床是机械加工自动化的基本设备，比如柔性制造单元、柔性制造系统以及计算机集成制造系统都是以数控机床为主体。可见，所谓数控机床就是根据不同的加工要求、不同对象，由一台或多台数控机床，配合其他辅助设备（如运输小车、机器人、可换工作台、立体仓库等）而构成的自动化生产系统。数控系统具有通信接口，易于进行计算机间的通信，实现生产过程的计算机管理与控制。

3. 数控机床加工成本高

数控机床的造价比普通机床高，加工成本相对较高。所以，不是所有零件都适合在数控机床上加工的，它有一定的加工适用范围。要根据产品的生产类型、结构大小、复杂程度来决定其是否适合用数控机床加工。通用机床适用于单件、小批生产，加工结构不太复杂的工件。专用机床适用于大批大量工件的加工。

数控机床适用于复杂工件的成批加工。一般情况下，生产批量在 100 件以上，用数控机床加工具有一定复杂程度的工件时，其加工费用最低，能获取较高的经济效益。若零件批量太少（如批量少于 50 件），采用数控机床加工是不经济的。这是因为数控机床的准备工时编程时间、机床调整、样品试切等工时比较长，是单次切削时间的 30 ~ 35 倍。

此外，准备工时的多少取决于使用数控机床的技术水平与管理水平，操作者掌握数控机床操作与调整的熟练程度。编程采用自动编程系统或者采用 CAD/CAM 软件，经过后置处理直接生成数控加工程序，缩短编程时间，则生产批量可以越来越少。对于复杂零件，5 个以上就可以加工，甚至单个复杂零件也能用数控机床加工。

（三）数控机床在管理与使用方面的特点

数控机床造价昂贵，是企业中关键产品、关键工序的关键设备，一旦故障停机，其影响和损失是很大的。数控机床作为机电一体化设备有其自身的特点，对管理、操作、维修、编程人员的技术水平要求比较高。数控机床的使用效果很大程度上取决于使用者的技术水平、数控加工工艺的拟定以及数控程序编制得正确与否。所以，数控机床的使用技术不是一般设备使用的问题，而是人才、管理、设备系统的技术应用工程。数控机床的使用人员要有丰富的工艺知识，同时在数控技术应用等方面有较强的操作能力，以保证数控机床有较高的完好率与开工率。

三、数控加工程序编制

数控机床是按事先编制好的加工程序进行自动加工的。因此，首先要编制零件的加工程序，即把零件的加工工艺路线、工艺参数、刀具运动轨迹、位移、切削用量与辅助功能等按一定格式以数据信息形式记录下来，形成加工程序清单。其次，通过控制面板或计算机直接通信的方式，将数控加工程序送入数控装置中。所以，编制数控加工程序是应用好数控机床的前提，也是发挥数控机床优越性的技术关键。

数控加工程序的编制分为手工编程与自动编程两类。

（一）手工编程

手工编程是由编程人员根据零件图纸和工艺要求，编制出在数控机床上能够运行的一系列指令的过程。其基本任务就是指定加工顺序、刀具运动轨迹和各种辅助动作。手工编程的工作过程包括以下几点：

一是确定工艺过程。根据零件图纸进行工艺分析，确定零件加工的工艺路线、工步顺序、切削用量等工艺参数，确定采用的刀具与刀具数量。

二是计算加工轨迹和尺寸。根据零件图纸上的尺寸及工艺路线，在规定的坐标系内计算零件轮廓和刀具运动轨迹坐标值，以这些坐标值作为编程尺寸。

三是编写程序清单并校验。根据制定的加工路线、切削用量、刀具号码、刀具补偿值以及刀具运动的轨迹，按照机床数控装置使用的指令代码及程序格式，编写零件加工程序清单，并进行校验。

四是输入程序清单的内容。通过输入装置将零件加工程序清单的内容输入数控装置中。

五是数控程序的校验和试切。启动数控装置，使数控机床进行空运转，检查程序运动轨迹的正确性。用木料或塑料制品代替工件进行试切，检查切削用量的正确性。

（6）首件试切。经过程序校验、模拟试切后，用实料进行首件试切。首件试切不仅可以检查数控程序是否有错，还可以检验加工精度是否符合要求。如果发现有错误，应分析错误的原因，修改程序，调整刀具补偿尺寸，直到加工出符合图纸技术要求的零件为止。

上述编程步骤中的各项工作主要由人工完成。在机械制造中，多数需要加工的零件形状并不复杂。这些零件的数值计算较为简单，程序段数不多，程序检验也容易实现，可采用手工编程方式完成编程工作。由于手工编程不需要特别配置专门的编程设备，不同熟练程度的人均可掌握和运用，因此仍然是一种运用十分普遍的编程方法。

（二）自动编程

借助计算机编制数控加工程序的过程，称为自动编程。对于几何形状复杂的零件，手工编程的工作量比较大而且容易出错；对于空间曲面零件，编程计算非常烦琐，人工无法胜任。自动编程时，节点坐标的数据计算、刀具轨迹的生成、程序的编制以及输出等工作均由计算机自动完成。

根据编程信息的输入与计算机对信息的处理方式不同，自动编程分为以自动编程语言为基础的 APT 语言编程和以计算机绘图为基础的图形交互式自动编程。

1. APT（Automatically Programmed Tools）语言编程

它通过对刀具轨迹的描述来实现计算机辅助编程。APT 语言编程需要人工编写源程序，再输入计算机，借助计算机的编译软件，对源程序进行处理，完成诸如刀具中心轨迹、基点、节点计算，并制定辅助功能等，此阶段称为主信息处理。接着计算机将主信息处理后的数据变成数控装置所要求的加工程序，这个阶段称为后置处理，不同的数控系统有不同的后置处理程序。APT 语言编程系统配有 1000 多种后置处理程序，因此在早期数控自动编程中应用比较广泛。

2. 图形交互式自动编程

由于计算机技术发展十分迅速，计算机的图形处理功能越来越强大。现在，计算机辅助设计（CAD）的技术是很成熟的技术。因此，计算机自动编程技术可以直接将 CAD 生成的零件几何图形信息自动转化为数控加工程序，在计算机上直接面向零件的几何图形，以光标单击、菜单选择、交互对话等方式编辑、删改，其编辑的结果又以图形的方式在计算机上显示出来。图形交互式自动编程有以下显著优点：

①不需要进行复杂的坐标数值计算。在编程过程中，图形数据的提取、坐标点数值计算均由计算机精确、高效、快速地完成。

②编程过程以人机对话方式交互完成。利用计算机的检错功能与人的纠错能力，简便、直观地编制复杂的数控加工程序。

③图形交互式自动编程是通用的软件，在通用的计算机上运行，不需要专用的编程机。

四、加工中心

目前，国内外数控编程软件均采用图形交互式自动编程技术。高级的图形交互式自动编程软件应用 CAD/CAM 无缝集成功能，完成图形几何元素的生成、设计信息的工艺处理、刀具中心轨迹的计算、刀具类型的选择、定义刀位文件的数据以及数据的后处理，直到进行模拟加工，校验数控程序的正确性。

加工中心（Machining Center，MC）是在数控镗铣床基础上发展起来的柔性、高效率的自动化装备。它使数控机床在技术上又上了一个新的台阶。加工中心与数控机床显著的区别在于它装有一套能自动选刀、换刀的刀库系统。刀库系统由刀库、机械手和驱动机构组成。在数控系统及可编程逻辑控制器的控制下，执行电动机或液压气动机构驱动刀库和机械手实现刀具的选择与交换。加工中心伺服单元控制三轴至五轴的联动伺服机构。

（一）加工中心的分类与应用范围

按照外形不同，加工中心可分为三大类：卧式加工中心、立式加工中心、万能加工中心。下面对前两类做简单介绍。

1. 卧式加工中心

卧式加工中心是指以主轴中心线为水平状态的加工中心，通常带有可分度的回转工作台。此类加工中心以镗铣削加工为主，适用于加工壳体、泵体、阀体等箱体类零件以及复杂零件特殊曲线与曲面轮廓的多工序加工。

2. 立式加工中心

立式加工中心是指主轴中心线为垂直状态的加工中心。此类加工中心以钻铣削加工为主，适用于中、小零件的钻、扩、铰、攻螺纹等切削加工，也能进行连续轮廓的铣削加工。

从外形结构上可以看出，加工中心比普通数控机床复杂得多，而功能也多得多。加工中心属于高技术、价格昂贵的复杂设备。不同类型的加工中心有不同的规格与适用范围，设备造价也有很大的差别。所以，选用加工中心要考虑很多影响因素。例如卧式加工中心与立式加工中心相比，规格相近（指工作台的宽度）的卧式加工中心比立式加工中心的价格要高 50％~100％，但卧式加工中心纯切削加工时间比立式加工中心多 50％~100％。完成同样的工艺内容，立式加工中心比卧式加工中心更经济，但卧式加工中心的工艺性更广泛。

生产中选择加工中心要考虑到零件的加工规范、生产效率、经济成本和投资效益。

（二）加工中心的特点

加工中心与普通数控机床相比，主要有以下特点：

一是加工中心上装备有自动换刀装置。工件可一次装夹，通过自动更换刀具，自动完成镗削、铣削、钻削、铰孔、攻螺纹等工序，甚至是从毛坯加工到成品，大大节省辅助工时和在制品周转时间。

二是加工中心刀库系统集中管理和使用刀具，有可能用最少量的刀具，完成多工序的加工，并提高刀具的利用率。

三是加工中心加工零件的连续切削时间比普通机床高得多，所以设备的利用率高。

四是在加工中心上装备有托盘机构，使切削加工与工件装卸同时进行，提高生产效率。

总体来说，加工中心就是一个柔性制造单元。

（三） 加工中心的特殊构件

1. 主轴结构

加工中心是以镗、铣、钻为主的数控机床。它的主运动是刀具的旋转运动，刀具由装夹机构安装在主轴上。为保证刀具的刀套能准确地在主轴上定位，主轴上必须设计有准停机构与刀具的装夹机构。

2. 刀库系统

刀库系统是由刀库与机械手组成的自动换刀装置（Automatic Tool Changer，ATC）。

（1） 刀库

刀库是存储加工所需要刀具的仓库。刀库能输送刀具，做移位运动达到换刀位置，并且能准确定位，保证换刀可靠。如果换刀时机械手抓刀不准，容易产生掉刀现象。加工中心的功能主要体现在刀库容量与刀库类型上。

①刀库容量。加工中心作为柔性制造单元，能连续自动加工复杂零件，加工能力强、工艺范围广。所以刀库的容量大，存储的刀具多，使机床的结构复杂。若刀库容量小，存储的刀具少，则不能满足工艺上的要求。刀库中刀具数量的多少又直接影响加工程序的编制。编制大容量刀库的加工程序工作量大，程序复杂。所以刀库容量的配置有一个最佳的数量。一般情况下，加工中心刀库中只存一种零件在一次装夹中所完成的加工工序所需要的刀具。刀具数量不能超过刀库容量，刀库的容量受到机床结构的制约。通常，立式加工中心的刀库容量为 20 把刀具，卧式加工中心刀库的容量为 40 把刀具，万能加工中心能容纳 120 把刀具。

②刀库类型。刀库主要有两大类型，即圆盘式刀库与链式刀库。圆盘式刀库上刀具轴线相对于刀库轴线可以按不同方向配置，有轴向、径向或斜向。采用这些结构可以简化取刀动作，结构简单紧凑，应用较多。但因刀具单环排列空间利用率低，所以多用于刀库容量小的场合。链式刀库是在环形链条上装有许多刀座，刀座孔中装各种刀具，链条由链轮驱动。这种刀库容量较大，扩展性好，在加工中心上的配置位置灵活，但结构复杂。链环可根据机床的总体布局要求配置成适当形式，以利于换刀机构的工作。链式刀库取刀多为轴向取刀。

（2）刀具的选用与识别

刀库系统的重要功能就是刀具的选用与识别。目前常用的有以下三种方法：

①顺序方式选刀。刀库中的刀具按照加工零件的加工顺序排列，加工时按顺序依次选用刀具。这种选刀方法使刀库的控制与驱动装置简单，无须编码，也不需要刀具识别装置。

但是加工零件改变时，刀具要按加工零件的加工顺序重新排列，增加了机床的准备时间。

②编码方式选刀。在加工中心刀库中，对每一把刀具都进行编码。加工时通过刀具的识别装置来识别和选择所需要的刀具。这种随机选择刀具的方式使刀库中刀具的排列是任意的，与加工零件的加工顺序无关。当加工零件改变时，刀具在刀库中原有的排列顺序不变，可减少刀具的调整时间。加工时可以重复使用同一把刀具，减少刀库中刀具的数量。这种选刀方式更适用于多品种、少批量的生产类型。加工中心要配置有刀具编码的识别装置，以控制机械装置选取所需要的刀具。编码方法有两种：一种是直接对刀具编码，另一种是将刀具安装在刀座上，然后对刀座进行编码。

③计算机记忆方式选刀。在安装有位置检测装置的刀库中，把刀具号和刀库上的存刀位置相对应地存储在计算机的存储器中，计算机始终跟踪着刀具在刀库中的实际位置。加工中刀具可以随机地取存，而且不必对刀具进行编码，也省去编码识别装置。现在大多数加工中心采用计算机记忆方式来选取加工所需的刀具，这不但简化了控制系统，而且增加了可靠性。

（3）自动换刀装置

加工中心的自动换刀装置是机械手。机械手能准确、迅速、可靠地进行自动换刀。

随着机床的布局不同，机械手的结构有很大的差异。最常见的是单臂双爪回转式机械手。单臂双爪回转式机械手的工作步骤如下：单臂旋转，双爪夹紧刀具；单臂前伸，同时从主轴孔和刀库中取出刀具；单臂旋转180°，双爪交换位置；单臂缩回，将新刀具装入主轴孔，并将旧刀具退回刀库中；双爪复位。

第三章 机械智能制造核心技术

第一节 工业物联网与云计算技术

一、工业物联网

(一) 物联网概念

物联网 (Internet of Things) 指的是将传感器、移动终端、可编程控制器等智能化设备经通信网络连接集成,实现互联互通,并根据应用需求进行数据采集和分析,对设备进行管理和控制的系统。

工业物联网是物联网技术在制造企业或智能工厂中的应用。它指通过传感器技术、标志识别技术、图像视频技术、定位技术等感知技术,实时感知企业或工厂中需要监控、连接和互动的装备,并构建企业办公室的信息化系统,打通办公信息化系统与生产现场设备的直接联系。

工业物联网从下至上由三个层次构成,包括感知控制层、网络层和应用层。生产指标由企业信息化系统通过网络层自动下达至机器的执行系统;生产结果由感知控制层自动采集并通过网络层上传至应用层 (一般是企业信息化系统),并在生产现场实现智能化的自动监控和报警;还可在云制造平台上对大数据进行分析挖掘,提高生产制造的智能化水平。

建设物联网是当今科学技术发展与应用需求相适应而衍生的系统工程。物联网的应用领域日益广泛,已经在提高生产效率、保障生产安全、节能减排、保护生态和便捷生活等许多方面发挥作用。满足人类多种多样的需求是设计物联网的立足点,为人类提供多元化的服务是建设物联网的根本目的。

（二）工业物联网的技术优势

物联网集成了 RFID、传感器、无线网络、中间件、云计算等新技术，其发展会极大地促进各行业的信息化进程，实现物与物、人与物的自动化信息交互与处理。物联网技术在制造业中的应用优势可归纳为以下四点。

1. 产品智能化

产品中加入大量电子技术元素，实现产品功能的智能化。例如，通过在产品中植入 RFID 芯片，记录产品的静态信息，如出厂日期、编号、产品类型等；通过在产品中植入智能传感器，可记录设备运行数据，如检测设备的运行状态等，并通过网络传送至后台信息系统中。

2. 实时售后服务

通过无线网络，获取全球范围内产品运行的状态信息，经过后台信息化系统的分析、处理、反馈，实施在线售后服务，提高服务水平。

3. 过程监控与管理

工厂可以通过以太网或现场总线，采集生产设备的运行状态数据，实施生产控制和设备维护，包括供需转换、工时统计、部件管理、产品状况质量在线监测和设备状况监测与节能等。

4. 物流管理

在工厂内外的物流设备中植入 RFID，实现对物品位置、数量、交接的管理和控制，提高物流流通效率，对特殊储藏要求的货品实施在线监测与防伪，从而实现了信息在真实世界和虚拟空间之间的智能化流动。

（三）工业物联网的应用

具有环境感知能力的各类终端、基于泛在技术的计算模式、移动通信等不断融入工业生产的各个环节，大幅提高制造效率、改善产品质量、降低产品成本和资源消耗，将传统工业提升到智能工业的新阶段。从当前技术发展和应用前景来看，物联网在工业领域的应用主要集中在以下方面。

1. 制造业 SCM

物联网应用于企业原材料采购、库存、销售等领域，通过完善和优化 SCM

体系，提高了供应链效率，降低了成本。空中客车通过在供应链体系中应用传感网络技术，构建了全球制造业中规模最大、效率最高的供应链体系。

2. 生产过程工艺优化

物联网技术的应用提高了生产线过程监测、实时参数采集、生产设备监控、材料消耗监测的能力和水平，生产过程的智能监控、智能控制、智能诊断、智能决策、智能维护水平不断提高。钢铁企业应用各种传感器和通信网络，在生产过程中实现对加工产品的宽度、厚度、温度实时监控，提高产品质量，优化生产流程。

3. 产品设备监控管理

各种传感技术与制造技术融合实现了对产品设备操作使用记录、设备故障诊断的远程监控。GE Oil&Gas 集团在全球建立了 13 个面向不同产品的 i-Center（综合服务中心），通过传感器和网络对设备进行在线监测和实时监控，并提供设备维护和故障诊断的解决方案。

4. 环保监测及能源管理

物联网与环保设备的融合实现了对工业生产过程中产生的各种污染源及污染治理各环节关键指标的实时监控。在重点排污企业排污口安装无线传感设备，不但可以实时监测企业排污数据，而且可以远程关闭排污口，防止突发性环境污染事故发生。电信运营商已开始推广基于物联网的污染治理实时监测解决方案。

5. 工业安全生产管理

把感应器嵌入和装配到矿山设备、油气管道、矿工设备中，可以感知危险环境中工作人员、设备机器、周边环境等方面的安全状态信息，将现有分散、独立、单一的网络监管平台提升为系统、开放、多元的综合网络监管平台，实现实时感知、准确辨识、快捷响应及有效控制。

（四）工业物联网面临的关键技术

从整体上来看，我国物联网还处于起步阶段，物联网在工业领域的大规模应用还面临一些关键技术问题。概括起来主要有以下三个方面。

1. 工业用传感器

工业用传感器是一种检测装置，能够测量或感知特定物体的状态和变化，并转化为可传输、可处理、可存储的电子信号或其他形式信息，也是实现工业自动检测和自动控制的首要环节。在现代工业生产尤其是自动化生产过程中，要用各种传感器来监视和控制生产过程中的各个参数，使设备工作在正常状态或最佳状态，并使产品达到最好的质量。

2. 工业无线网络技术

工业无线网络是一种由大量随机分布的、具有实时感知和自组织能力的传感器节点组成的网状（Mesh）网络，综合了传感器技术、嵌入式计算技术、现代网络及无线通信技术、分布式信息处理技术等，具有低耗自组、泛在协同、异构互联的特点。工业无线网络技术是降低工业测控系统成本、扩大工业测控系统应用范围的热点技术，也是未来几年工业自动化产品新的增长点。

3. 工业过程建模

没有模型就不可能实施先进有效的控制，传统的集中式、封闭式仿真系统结构已不能满足现代工业发展的需要。工业过程建模是系统设计、分析、仿真和先进控制必不可少的基础。

此外，还包括工业集成服务代理总线技术、工业语义中间件平台等关键技术问题。

（五）物联网的智能制造产业发展趋势

物联网与智能制造技术相结合，对智能制造产业的发展产生了深远的影响。基于物联网的智能制造产业发展趋势有以下三个方面。

1. 制造过程向全球化的协同创新发展

随着企业逐渐实现跨国的产品开发、营销和服务，对信息系统提出了支持多语种、多工厂、多个企业实体的开发与管理需求，以及全球协作开发的需求。工业发达国家的许多企业将信息化技术综合集成，并广泛应用于研发、管理、财务运作、营销、服务等核心业务，实现了产品研制、采购、销售等在全球范围内的协作，在全球范围进行资源的优化配置。

2. 生产和研发向精益化的方向发展

通过整合各种产品生产、服务反馈的数据，企业把物理世界与数字世界充分关联起来，为企业提供一种企业级的产品数字化样机开发环境，使产品的质量与可靠性有了系统的保障。同时，高度的信息共享，使企业可以通过优化业务流程和资源配置，强化运行细节管理和过程管理，追求持续改进，推动企业不断适应内外环境变化，提高核心竞争力和创造效益的能力，达到精益管理，从而提高制造业生产力。

3. 制造设计从高能耗向低能高效转变

将物联网的应用与"绿色、环保、节能、低碳经济"的发展理念紧密结合，充分利用物联网技术，实现更精细、更简单、更高效的管理，帮助企业创造更大的经济效益和社会效益，实现智能制造绿色设计和绿色制造的行业要求。

二、云计算技术

（一）云计算概述

2006 年谷歌推出了"Google 101 计划"，并正式提出"云"的概念和理论。云是互联网的一种比喻说法。之所以称为"云"，是因为它在某些方面具有现实中云的特征：云一般都较大；它的规模可以动态伸缩，它的边界是模糊的；云在空中飘忽不定，无法也无须确定它的具体位置，但它确实存在于某处。

云计算是什么呢？目前对它的定义五花八门，美国国家标准与技术研究院对云计算的定义为：云计算是一种按使用量付费的模式，这种模式提供可用的、便捷的、按需的网络访问，进入可配置的计算资源共享池（资源包括网络、服务器、存储、应用软件和服务等），这些资源能够被快速提供，只须投入很少的管理工作，或与服务供应商进行很少的交互。通俗地理解，云计算的核心思想，是将大量用网络联结的计算资源统一管理和调度云存储，构成一个计算资源池向用户按需服务。

云存储是在云计算概念上延伸和发展出来的一个新的概念，也是指通过集群应用、网格技术或分布式文件系统等功能，将网络中大量各种不同类型的存储设备通过应用软件集合起来协同工作，共同对外提供数据存储和业务访问功能的一个系统。

当云计算系统运算和处理的核心是大量数据的存储和管理时，云计算系统中就需要配置大量的存储设备，那么云计算系统就转变成为一个云存储系统，所以云存储是一个以数据存储和管理为核心的云计算系统。云存储不是存储，而是服务，就如同云状的广域网和互联网一样，云存储对使用者来讲，不是指某一个具体的设备，而是指一个由许许多多个存储设备和服务器所构成的集合体。使用者使用云存储，并不是使用某一个存储设备云存储，而是使用整个云存储系统带来的一种数据访问服务。

（二）云计算特点

从研究现状上看，云计算具有以下特点。

1. 超大规模

"云"具有相当的规模，Google 云计算已经拥有 100 多万台服务器，Amazon、IBM、微软等公司的"云"均拥有几十万台服务器。因此"云"能赋予用户前所未有的计算能力。

2. 虚拟化

云计算支持用户在任意位置、使用各种终端获取服务。所请求的资源来自"云"，而不是固定的有形的实体。

3. 高可靠性

"云"使用了数据多副本容错、计算节点同构可互换等措施来保障服务的高可靠性，使用云计算比使用本地计算机更加可靠。

4. 通用性

云计算不针对特定的应用，在"云"的支撑下可以构造出千变万化的应用，同一片"云"可以同时支撑不同的应用运行。

5. 高可伸缩性

"云"的规模可以动态伸缩，满足应用和用户规模增长的需要。

6. 按需服务及其廉价性

"云"是一个庞大的资源池，用户按需购买。"云"的公用性和通用性使资源的利用率大幅提升；"云"设施可以建在电力资源丰富的地区，从而大幅降低能源成本。因此，"云"具有前所未有的性能价格比。

（三）云计算的架构

云计算分为服务和管理两大部分。

服务方面，以向用户提供各种基于云的服务为主，共包含三个层次：

一是 SaaS（Software as a Service，软件即服务）：这层的作用是将应用主要基于 Web 的方式提供给客户。

二是 PaaS（Platform as a Service，平台即服务）：这层的作用是将一个应用的开发和部署平台作为服务提供给用户。

三是 IaaS（Infrastructure as a Service，基础架构即服务）：这层的作用是将各种底层的计算（如虚拟机）和存储等资源作为服务提供给用户。

从用户角度而言，这三层服务之间关系是独立的，因为它们提供的服务是完全不同的，而且面对的用户也不尽相同。但从技术角度而言，云服务这三层之间有一定的依赖关系。比如一个 SaaS 层的产品和服务不仅需要用到 SaaS 层本身的技术，还依赖 PaaS 层所提供的开发和部署平台，或者直接部署于 IaaS 层所提供的计算资源上，还有 PaaS 层的产品和服务也很有可能构建于 IaaS 层服务之上。

管理方面，以云的管理层为主，其功能是确保整个云计算中心能够安全和稳定地运行，并能被有效地管理。

（四）云管理层

云管理层是云最核心的部分。云管理层也是前面三层云服务的基础，为它们提供多种管理和维护等方面的功能和技术。云管理层共有九个模块，这九个模块可分为三层，它们分别是用户层、机制层和检测层。

1. 用户层

顾名思义，其主要面向使用云的用户，并通过多种功能来更好地为用户服务，共包含四个模块：用户管理、客户支持、计费管理和服务管理。各模块的具体功能如表 3-1 所示。

表 3-1　用户层模块

用户层模块	功能说明
用户管理	云方面的用户管理主要有 3 种功能：其一是账号管理，包括对用户身份及访问权限进行有效的管理，还包括对用户组的管理；其二是单点登录，在多个应用系统中，用户只要登录一次就可以访问所有相互信任的应用系统，这个机制可以极大地方便用户在云服务之间进行切换；其三是配置管理，对与用户相关的配置信息进行记录、管理和跟踪，配置信息包括虚拟机的部署、配置和应用的设置信息等
客户支持	好的用户体验对于云而言非常关键，所以帮助用户解决疑难问题的客户支持十分必要，需要建设一整套完善的客户支持系统，确保问题能按其严重程度或者优先级来依次进行解决，而不是一视同仁，以提升客户支持的效率和效果
计费管理	利用底层监控系统所采集的数据来对每个用户所使用的资源（如所消耗 CPU 的时间和网络带宽等）和服务（如调用某个付费 API 的次数）进行统计，以准确地向用户索取费用，并提供完善和详细的报表
服务管理	大多数云都在一定程度上遵守 SOA（Service-Oriented Architecture，面向服务的架构）的设计规范。SOA 的意思是将应用不同的功能拆分为多个服务，并通过定义良好的接口和契约来将这些服务联结起来。这样做的好处是能使整个系统松耦合，从而使整个系统能够通过不断演化来更好地为客户服务。一个普通的云也同样由许许多多的服务组成，如部署虚拟机的服务、启动或者关闭虚拟机的服务等，而管理好这些服务对于云而言是非常关键的

2. 机制层

其主要提供各种用于管理云的机制。通过这些机制，能让云计算中心内部的管理更自动化、更安全和更环保。和用户层一样，该层也包括四个模块：运维管理、资源管理、安全管理和容灾支持。各模块具体功能如表 3-2 所示。

表 3-2　机制层模块

机制层模块	功能说明
运维管理	云的运行是否出色，往往取决于其运维系统的强健和自动化程度。而和运维管理相关的功能包括三个方面：首先是自动维护，运维操作应尽可能专业化和自动化，从而降低云计算中心的运维成本；其次是能源管理，它包括自动关闭闲置资源、根据负载来调节 CPU 的频率以降低功耗、提供数据中心整体功耗的统计图与机房温度的分布图等来提升能源的管理，并相应地降低浪费；最后是事件监控，它通过监控数据中心发生的各项事件，以确保在云中发生的任何异常都会被管理系统捕捉到
资源管理	资源管理模块与对物理节点（如服务器、存储设备和网络设备等）的管理相关，涉及以下三个功能：其一是资源池，通过使用资源池这种资源抽象方法，能将具有庞大数量的物理资源集中到一个虚拟池中，便于管理；其二是自动部署，就是将资源从创建到使用的整个流程自动化；其三是资源调度，它不仅能更好地利用系统资源，而且能自动调整云中资源来帮助运行于其上的应用更好应对突发流量，从而起到负载均衡的作用
安全管理	安全管理是对数、应用和账号等 IT 资源进行全面保护，使其免受犯罪分子和恶意安全管理程序的侵害，并保证云基础设施及其提供的资源能被合法地访问和使用
容灾支持	在容灾方面，主要涉及两个级别：其一是数据中心级别，如果数据中心的外部环境出现了类似断电、火灾、地震或者网络中断等严重的事故，有可能导致整个数据中心不可用。这就需要在异地建立一个备份数据中心以保证整个云服务持续运行，该备份数据中心会与主数据中心进行同步，主数据中心发生问题时，备份数据中心会自动接管在主数据中心中运行的服务。其二是物理节点级别，系统需要检测每个物理节点的运行情况，如果一个物理节点出现问题，系统会试图恢复它或者将其屏蔽，以确保相关云服务正常运行

3. 检测层

检测层主要监控云计算中心的方方面面，并采集相关数据，以供用户层和机制层使用。全面监控云计算的运行主要涉及三个层面：其一是物理资源层面，主要监控物理资源的运行状况，如 CPU 使用率、内存利用率和网络带宽利用率等；

其二是虚拟资源层面，主要监控虚拟机的 CPU 使用率和内存利用率等；其三是应用层面，主要记录应用每次请求的响应时间（Response Time）和吞吐量（Throughput），以判断它们是否满足预先设定的 SLA（Service Irevel Agreement，服务级别协议）。

（五）云计算的四种模式

1. 公有云

公有云是目前最流行的云计算模式。它是一种对公众开放的云服务，能支持数目庞大的请求，而且成本较低。公有云由云供应商运行，为最终用户提供各种 IT 资源。云供应商负责从应用程序、软件运行环境到物理基础设施等 IT 资源的安全、管理、部署和维护。

在使用 IT 资源时，用户只须为其所使用的资源付费，无需任何前期投入。但在公有云中，用户不清楚与其共享和使用资源的还有其他哪些用户，整个平台是如何实现的，甚至无法控制实际的物理设施，所以云服务提供商必须能保证其所提供的服务是安全可靠的。

2. 私有云

对许多大中型企业而言，在短时间内很难大规模地采用公有云技术，所以引出了私有云这一模式。私有云主要为企业内部提供云服务，并不对外开放。它在企业的防火墙内工作，企业 IT 人员能对其数据、安全性和服务质量进行有效的控制。与传统的企业数据中心相比，私有云可以支持动态灵活的基础设施（可由企业 IT 机构，也可由云提供商进行构建），降低 IT 架构的复杂度，使各种 IT 资源得以整合和标准化。

在私有云界，主要有两大联盟：其一是 IBM 与其合作伙伴，主要推广的解决方案有 IBM Blue Cloud 和 IBM CloudBurst；其二是由 VMware、Cisco 和 EMC 组成的 VCE 联盟，它们主推的是 Cisco IJCS 和 vBlock。在实际的例子方面，已经建设成功的私有云有采用 IBM Blue Cloud 技术的中化云计算中心和采用 Cisco IJCS 技术的 Tutor Perini 云计算中心。

3. 混合云

混合云的应用没有公有云和私有云广泛。顾名思义，混合云是把公有云和私有云结合到一起的方式，即它是让用户在私有云的私密性和公有云的灵活低廉之间做一定权衡的模式。例如企业可以将非关键的应用部署到公有云上来降低成本，而将安全性要求很高、非常关键的核心应用部署到完全私密的私有云上。

现在混合云的例子非常少，最相关的就是 Amazon VPC（Virtual Private Cloud，虚拟私有云）和 VMware vCloud。

4. 行业云

行业云主要指专门为某个行业的业务设计的云，并且开放给多个同行业的企业。

行业云的概念虽然较少被提及，也没有较为成熟的例子，但仍有一定的潜力。例如盛大公司的开放平台就颇具行业云的潜质，它将其整个云平台与多个小型游戏开发团队共享，这些小型团队只须负责游戏的创意和开发，其他相关的烦琐运维工作则交由盛大开放平台负责。

（六）云计算的应用：云制造

云计算是智能制造的重要领域。制造企业所管理的大量数据与云计算平台相结合，衍生出了另一个概念——云制造。

云制造是先进的信息技术、制造技术及物联网技术等交叉融合的产品，也是制造，即服务理念的体现。云制造依据包括云计算在内的当代信息技术前沿理念，支持制造业利用当下环境中广泛的网络资源，为产品提供高附加值、低成本和全球化制造的服务。云制造将实现对产品开发、生产、销售、使用等全生命周期的相关资源的整合，提供标准、规范、可共享的制造服务模式。

云制造为制造业信息化提供了一种崭新的理念与模式，其应用是一个长期的阶段性渐进的过程。云制造的未来发展面临众多关键技术的挑战，除了云计算、物联网、高性能计算、嵌入式系统等技术的综合集成以外，基于知识的制造资源云端化、制造云管理引擎、云制造的应用协同、云制造可视化技术与用户界面等技术均是未来需要攻克的重要技术。

第二节　工业大数据与 3D 打印技术

一、工业大数据

（一）数据爆炸的时代

工业大数据是一个全新的概念，从字面层次理解，就是指在工业领域信息化应用中所产生的大数据。随着信息化与工业化的不断深度融合，信息技术逐渐被应用到了工业企业产业过程中的各个环节。CAD/CAM/CAE/CAI、RFID、ERP、条形码、二维码、传感器、工业企业中的自控系统和工业物联网等相关技术在工业企业中得到广泛应用，特别是互联网、移动互联网、物联网等新一代信息技术逐步应用于工业领域，使得工业企业也进入了互联网工业的发展阶段，制造业企业的运营越来越依赖信息技术。制造业整个价值链及制造业产品的整个生命周期都涉及诸多的数据。据国际著名咨询公司麦肯锡统计，制造行业数据存储量远远超过其他行业的数据量总和。

如图 3-1 所示，制造业企业需要管理的数据种类繁多，涉及大量结构化数据和非结构化数据。

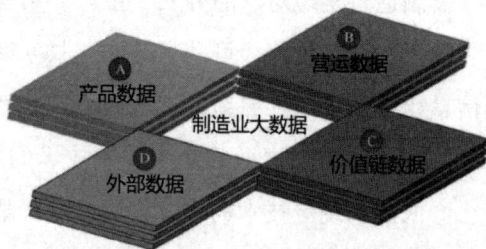

图 3-1　工业大数据

一是产品数据。如设计、建模、工艺、加工、测试、维护数据、产品结构、零部件配置关系、变更记录等。

二是营运数据。如组织结构、业务管理、生产设备、市场营销、质量控制、生产、采购、库存、目标计划、电子商务等。

三是价值链数据。如客户、供应商、合作伙伴等。

四是外部数据。如经济运行数据、行业数据、市场数据、竞争对手数据等。

随着大规模定制和网络协同的发展，制造业企业还需要实时从网上接收众多消费者的个性化定制数据，并通过网络协同，配置各方资源、组织生产并管理更多各类有关数据。

（二）大数据的价值

大数据在提高全球工业效率方面具有巨大的经济价值，并且所采集的数据大都是时间序列数据，实时性要求高，类型也多是非结构化。工业企业所面临的数据采集、管理和分析等问题将比互联网行业更为复杂。海量的工业数据背后隐藏了很多有价值的信息。大数据可能带来的巨大价值正在被传统产业认可。它通过技术创新与发展，以及数据的全面感知、收集、分析和共享，为企业管理者和参与者呈现看待制造业价值链的全新视角。工业大数据的价值具体体现在以下两个方面：

1. 实现智能生产

在智能制造体系中，通过物联网技术，使工厂/车间的设备传感层与控制层的数据和企业信息系统融合，将生产大数据传送至云计算数据中心进行存储、分析，以便形成决策并反过来指导生产。

具体而言，生产线、生产设备都将配备传感器抓取数据，然后经过无线通信连接互联网传输数据，对生产本身进行实时监控，而生产所产生的数据同样经过快速处理、传递，反馈至生产过程中，将工厂升级成为可以管理和自适应调整的智能网络，使得工业控制和管理最优化，最大限度利用有限资源，从而降低工业和资源的配置成本，使得生产过程能够高效地进行。

过去，设备运行过程中，其自然磨损本身会使产品的品质发生一定的变化。而由于信息技术、物联网技术的发展，现在可以通过传感技术，实时感知数据，知道产品出了什么故障，哪里需要配件，使得生产过程中的这些因素能够被精确控制，真正实现生产智能化。因此，在一定程度上，工厂/车间的传感器所产生的大数据直接决定了智能制造所要求的智能化设备的智能水平。

此外，从生产能耗角度看，设备生产过程中利用传感器集中监控所有的生产流程，能够发现能耗的异常或峰值情况，由此能够在生产过程中不断实时优化能源消耗。同时，对所有流程的大数据进行分析，也将会整体上大幅降低生产能耗。

2. 实现大规模定制

实现消费者个性化需求，一方面需要制造企业能够生产符合消费者个性偏好的产品或服务，另一方面需要互联网提供消费者的个性化定制需求。由于消费者人数众多，每个人需求不同，导致需求的具体信息也不同，加上需求不断变化，就构成了产品需求的大数据。

消费者与制造企业之间的交互和交易行为也将产生大量数据，挖掘和分析这些消费者动态数据，能够帮助消费者参与到产品的需求分析和产品设计等创新活动中，为产品创新做出贡献。制造企业对这些数据进行处理，进而传递给智能设备，进行数据挖掘、设备调整、原材料准备等步骤，这样才能生产出符合个性化需求的定制产品。

大数据是制造智能化的基础，其在制造业大规模定制中的应用包括数据采集、数据管理、订单管理、智能化制造、定制平台等。其中定制平台是核心，定制数据达到一定的数量级，方能实现大数据应用。通过对大数据的挖掘，可将其应用于流行预测、精准匹配、时尚管理、社交应用、营销推送等领域。同时，大数据能够帮助制造业企业提升营销的针对性，降低物流和库存的成本，减少生产资源投入的风险。

进行大数据分析，将带来仓储、配送、销售效率的大幅提升与成本的大幅下降，并将极大地减少库存，优化供应链。同时，利用销售数据、产品的传感器数据和供应商数据库的数据等方面的大数据，制造企业可以准确预测全球不同市场区域的商品需求，跟踪库存和销售价格，从而节约大量成本。

（三）大数据处理关键技术

为了获取大数据中的有价值信息，必须选择一种有效的方式来处理它。大数据技术一般包括数据采集、数据预处理、数据存储和数据分析四部分。

1. 大数据采集技术

数据可以是从传感器、网络社交、论坛等渠道获得的信息，数据类型包括结构化、半结构化与非结构化数据。大数据采集即是通过传感体系、网络通信体系、智能识别体系及软硬件资源接入系统，实现对结构化、半结构化、非结构化的海量数据的智能化识别、跟踪、接入、传输、信号转换、监控、初步处理和管理等。

2. 大数据预处理技术

大量数据接收完毕后，需要对多种结构的数据进行分类，将一些复杂的数据转化为单一的数据类型，并过滤掉错误及无用的信息。这种在主要的数据处理以前对数据进行的一些处理叫作大数据预处理。大数据预处理有多种方法：数据清理、数据集成、数据变换和数据归约。这些大数据处理技术在数据挖掘之前使用，可以提高数据挖掘模式的质量，降低实际挖掘所需要的时间。

3. 大数据存储技术

面对巨大的数据量，能否建立相应的数据库并随时管理和调用其中数据，已成为大数据存储技术的关键。这需要开发新型数据库技术，如键值数据库、列存数据库、图存数据库及文档数据库等类型，以解决海量图文数据的存储及应用问题。

4. 大数据分析

大数据分析是指对规模巨大的数据进行分析。其中包括如下内容：

①可视化分析。不管对于数据分析专家还是普通用户，数据可视化都是数据分析工具最基本的功能。

②数据挖掘。从大量的、不完全的、有噪声的、模糊的、随机的实际应用数据中，提取隐含在其中的且人们事先不知道的，但又是潜在有用的信息和知识的过程。

③预测性分析。根据可视化分析和数据挖掘的结果做出一些预测性判断。

④语义引擎。分析语义中隐含的信息，并主动地提取信息。

（四）大数据与新一代智能工厂

消费需求的个性化，要求传统制造业突破现有的生产方式与制造模式，处理和挖掘消费需求所产生的海量数据与信息。同时，非标准化产品的生产过程中也会产生大量的生产信息与数据，需要及时收集、处理和分析，用来指导生产。这两方面的大数据信息流最终会通过互联网在智能设备之间传递，由智能设备来分析、判断、决策、调整、控制并继续开展智能生产，生产出高品质的个性化产品。可以说，大数据是构成新一代智能工厂的重要技术支撑。

　　智能工厂中的大数据，是"信息"与"物理"世界彼此交互与融合的产物。大数据应用将带来制造企业创新和变革的新时代，在传统的制造业生产管理信息数据基础上，结合物联网等感知的物理数据，形成智能制造时代的生产数据私有云，创新制造企业的研发、生产、运营、营销和管理方式，带给企业更快的速度、更高的效率和更敏锐的洞察力。

二、3D 打印技术

（一）3D 打印技术的概念

　　3D 打印技术，学术上又称"添加制造"（Additive Manufacturing，AM）技术，也称增材制造或增量制造。3D 打印与传统的材料加工方法截然相反。它是基于三维 CAD 模型数据，通过增加材料逐层制造的一种方式，采用直接制造与相应数学模型完全一致的三维物理实体模型的制造方法。3D 打印技术内容涵盖了 PLM 前端的"快速原型"（Rapid Prototyping，RP）和全生产周期的"快速制造"（Rapid Manufacturing，RM）相关的所有打印工艺、技术、设备类别和应用。3D 打印涉及的技术包括 CAD 建模、测量、接口软件、数控、精密机械、激光、材料等多种学科的集成。

（二）3D 打印技术的特点和优势

　　一是数字制造。借助 CAD 等软件将产品结构数字化，驱动机器设备加工制造成器件；数字化文件还可借助网络进行传递，使异地分散化制造的生产模式得以实现。

　　二是降维制造（分层制造）。即把三维结构的物体先分解成二维层状结构，逐层累加形成三维物品。因此，原理上 3D 打印技术可以制造出任何复杂的结构，而且制造过程更柔性化。

三是堆积制造。"从下而上"的堆积方式对于实现非匀致材料、功能梯度的器件更有优势。

四是直接制造。任何高性能难成型的部件均可通过"打印"方式一次性直接制造出来，不需要通过组装拼接等复杂过程来实现。

五是快速制造。3D打印制造工艺流程短、全自动、可实现现场制造，因此，制造更快速、更高效。

(三) 3D打印技术的应用领域及对传统制造业形态的影响

1. 应用领域

3D打印机的应用对象可以是任何行业，只要这些行业需要模型和原型。目前，3D打印技术已在工业设计、文化艺术、机械制造（汽车、摩托车）、航空航天、军事、建筑、影视、家电、轻工、医学、考古、雕刻、首饰等领域得到了应用。随着技术自身的发展，其应用领域将不断拓展。这些应用主要体现在以下方面：

(1) 设计方案评审。借助3D打印的实体模型，不同专业领域（设计、制造、市场、客户）的人员可以对产品实现方案、外观、人机功效等进行实物评价。

(2) 制造工艺与装配检验。3D打印可以较精确地制造出产品零件中的任意结构细节，借助3D打印的实体模型结合设计文件，即可有效指导零件和模具的工艺设计，或进行产品装配检验，从而避免结构和工艺设计错误。

(3) 功能样件制造与性能测试。3D打印的实体原型本身具有一定的结构性能，同时利用3D打印技术可直接制造金属零件，或制造出熔（蜡）模；再通过熔模铸造金属零件，甚至可以打印制造出特殊要求的功能零件和样件等。

(4) 快速模具小批量制造。以3D打印制造的原型作为模板，制作硅胶、树脂、低熔点合金等快速模具，可便捷地实现几十件到数百件数量零件的小批量制造。

(5) 建筑总体与装修展示评价。利用3D打印技术可实现模型真彩及纹理打印的特点，可快速制造出建筑的设计模型，进行建筑总体布局、结构方案的展示和评价。

（6）科学计算数据实体可视化。计算机辅助工程、地理地形信息等科学计算数据可通过 3D 彩色打印，实现几何结构与分析数据的实体可视化。

（7）医学与医疗工程。通过医学 CT 数据的三维重建技术，利用 3D 打印技术制造器官、骨骼等实体模型，可指导手术方案设计，也可打印制作组织工程和定向药物输送骨架等。

（8）首饰及日用品快速开发与个性化定制。利用 3D 打印制作蜡模，通过精密铸造实现首饰和工艺品的快速开发和个性化定制。

（9）动漫造型评价。借助动漫造型评价可实现动漫等模型的快速制造，指导和评价动漫造型设计。

（10）电子器件的设计与制作。利用 3D 打印可在玻璃、柔性透明树脂等基板上，设计制作电子器件和光学器件，如 RFID、太阳能光伏器件、OLED 等。

2. 对传统制造业形态的影响

3D 打印技术的应用对传统制造业形态的深刻改变体现在以下方面：

一是使制造工艺发生深刻变革。3D 打印改变了通过对原材料进行切削、组装进行生产的加工模式，节省了材料和加工时间。例如在航空航天工业领域中应用的金属部件通常是由高成本的固体钛加工而成的，90% 的材料被切除掉，这些切削材料对于飞行器的制作是毫无利用价值的。空客的母公司欧洲宇航防务集团（EADS）研究人员指出，这些用钛粉末打印出的部件与一个传统用固体钛加工出来的部件一样经久耐用，但节省了 90% 的原材料。

二是带动制造技术的重大飞跃。3D 打印技术是一门综合应用 CAD/CAM 技术、激光技术、光化学、控制、网络及材料科学等方面技术和知识的高新技术。3D 打印技术的不断成熟将推动新材料技术和智能制造技术实现大的飞跃，从而带动相关产业的发展。

三是使制造模式发生革命性变化。3D 打印将可能改变第二次工业革命产生的，以装配生产线为代表的大规模生产方式，使产品生产向个性化、定制化转变。3D 打印机的推广应用将缩短产品推向市场的时间，消费者只要简单下载设计图，在数小时内通过 3D 打印机就可将产品"打印"出来，从而不需要大规模生产线和大量的生产工人，也不需要库存大量的零部件，即所谓的"社会化制造"。"社会化制造"的另一优势是通过制造资源网和互联网，快速建立高效的供应链、市场销售和用户服务网。这是实现敏捷制造、精益制造和可持续发展的一种生产模式。

总之，随着 3D 打印技术和商业应用的发展，"大批量的个性化定制"将成为重要的生产模式。3D 打印与现代服务业的紧密结合，将衍生出新的细分产业和新的商业模式，创造出新的经济增长点。3D 打印技术发展带来的产品技术、制造技术与管理技术的进步使企业具备快速响应市场需求的能力，特别是形成适应全球市场上丰富多样的客户群，实现远程定制、异地设计、就地生产和销售的协调化新型生产模式，使生产模式、商业模式等多个方面发生根本性的变化。

第三节　射频识别技术与人工智能技术

一、射频识别技术

RFID 技术，是一种利用射频通信实现的非接触式自动识别技术。在 RFID 系统中，识别信息存放在电子数据载体（即应答器）中，这些信息由阅读器读写。目前，RFID 技术最广泛的应用是各类 RFID 标签和卡的读写与管理。

（一）射频识别技术的特征

RFID 作为一种特殊的识别技术，区别于传统的条码、插入式 IC 卡和生物（如指纹）识别技术，具有下述特征。

一是通过电磁耦合方式实现的非接触自动识别技术。

二是需要利用无线电频率资源，且须遵守无线电频率使用的众多规范。

三是存放的识别信息是数字化的，因此通过编码技术可以方便实现多种应用。

四是可以方便地进行组合建网，以完成多种规模的系统应用。

五是涉及计算机、无线数字通信、集成电路、电磁场等众多领域。

（二）射频识别技术的基本原理

在 RFID 系统中，射频识别部分主要由阅读器和应答器两部分组成，阅读器与应答器之间的通信采用无线的射频方式进行耦合。在实践中，由于对距离、速率及应用的要求不同，需要的射频性能也不尽相同，所以射频识别涉及的无线电频率范围也很广。

射频识别过程在阅读器和应答器之间以无线射频的方式进行。其识别过程基本原理如图 3-2 所示。

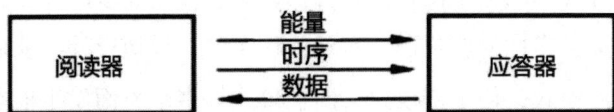

图 3-2　RFID 基本原理框图

阅读器和应答器之间的交互主要靠能量、时序和数据三个方面来完成。

一是阅读器产生射频载波为应答器提供工作所需能量。

二是阅读器与应答器之间的信息交互通常采用询问—应答的方式进行，所以必须有严格的时序关系，该时序也由阅读器提供。

三是阅读器与应答器之间可以实现双向数据交换，阅读器给应答器的命令和数据通常采用载波间隙、脉冲位置调制、编码解调等方法实现传送；应答器存储的数据信息采用对载波的负载调制方式向阅读器传送。

（三）射频识别技术的工作频率

在无线电技术中，不同的频段有不同的特点和技术。实际应用中不同频段的 RFID 实现技术差异很大。从这一角度而言，RFID 技术的空中接口几乎覆盖了无线电技术的全频段，具体如表 3-3 所示。

表 3-3　RFID 主要频段标准及特性

	低频	高频	超高频	微波
工作频率	125~134kHz	13.56MHz	433MHz，869~915MHz	2.45GHz，5.8GHz
读取距离	<60cm	0~60cm	1~100m	1~100m
速度	慢	快	快	很快
方向性	无	无	部分有	有

	低频	高频	超高频	微波
现有的 ISO 标准	ISO11784/85，14223	ISO14443/15693	ISOEPC C0，C1，C2，G2	ISO18000-4
主要应用范围	进出管理、固定设备管理	图书馆、产品跟踪、公交消费	货架、卡车、拖车跟踪	收费站、集装箱

（四）耦合方式

根据射频耦合方式的不同，RFID 可以分为电感耦合（磁耦合）和反向散射耦合（电磁场耦合）两大类：

1. 电感耦合

电感耦合也称磁耦合，是阅读器和应答器之间通过磁场（类似变压器）的耦合方式进行的射频耦合，能量（电源）由阅读器通过载波提供。阅读器产生的磁场强度受到电磁兼容性能的有关限制，因此一般工作距离都比较近。

高频和低频 RFID 主要采用电感耦合的方式，即频率为 13.56MHz 和小于 135kHz。

电感耦合的 RFID 系统中，阅读器与应答器之间耦合工作原理如下。

（1）阅读器通过谐振在阅读器天线上产生一个磁场，当在一定距离内，部分磁力线会穿过应答器天线，产生一个磁场耦合。

（2）由于在电感耦合的 RFID 系统中所用的电磁波长（低频 135kHz 波长为 2400m，高频 13.56MHz 为 22.1m）比两个天线之间的距离大很多，所以两线圈间的电磁场可以当作简单的交变磁场。

（3）穿过应答器天线的磁场通过感应会在应答器天线上产生一个电压，经过 VD 的整流和对 C_2 充电、稳压后，电量保存在 C_2 中，同时 C_2 上产生应答器工作所需要的电压。

阅读器天线和应答器天线也可以看作一个变压器的初、次级线圈，只不过它们之间的耦合很弱。因为电感耦合系统的效率不高，所以这种方式主要适用于小电流电路，应答器的功耗大小对工作距离有很大影响。

在电感耦合方式下，应答器向阅读器的数据传输采用负载调制的方法。其原理如图 3-3 所示。

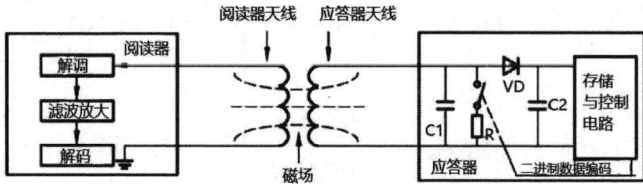

图 3-3　负载调制

图 3-3 所示为电阻负载调制，本质是一种振幅调制（也称为调幅 AM），调节接入电阻 R 的大小可改变调制幅度的大小。实际应用中，常通过接通或断开接入电阻 R 来实现二进制的振幅调制。其工作步骤如下。

（1）如果在应答器中以二进制数据编码信号控制开关 S，则应答器线圈上的负载电阻 R 按二进制数据编码信号的高低电平变化而接通和断开。

（2）负载的变化通过应答器天线到阅读器天线，进而产生相同规律变化的信号，即变压器的次级线圈的电流变化，会影响到初级的电流变化。

（3）在该变化反馈到阅读器天线（相当于变压器初级）后，通过解调、滤波放大电路，恢复为应答器端控制开关的二进制数据编码信号。

（4）经过解码后就可以获得存储在应答器中的数据信息，进而可以进行下一步处理。这样，二进制数据信息就从应答器传到了阅读器。

2. 反向散射耦合

反向散射耦合也称电磁场耦合，其理论和应用基础来自雷达技术。当电磁波遇到空间目标（物体）时，其能量的一部分被目标吸收，另一部分以不同的强度被散射到各个方向。在散射的能量中，一小部分反射回了发射天线，并被该天线接收（发射天线也是接收天线），对接收信号进行放大和处理，即可获取目标的有关信息。

一个目标反射电磁波的效率由反射横截面来衡量。反射横截面的大小与一系列参数有关，如目标大小、形状和材料、电磁波的波长和极化方向等。由于目标的反射性能通常随频率的升高而增强，所以反向散射耦合方式通常采用在超高频（包括 UHF 和 SHF）RFID 系统中，应答器和阅读器的距离大于 1m 的情况。反向散射耦合的原理框图如图 3-4 所示。

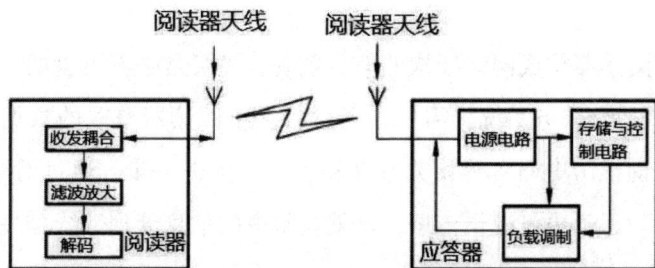

图 3-4　反向散射耦合原理框图

反向散射耦合的 RFID 系统中，阅读器与应答器之间耦合工作原理如下：

（1）阅读器通过阅读器天线发射载波，其中一部分被应答器的天线反射回阅读器天线。

（2）应答器天线的反射性能受连接到天线的负载变化影响，因此同样可以采用电阻负载调制的方法实现反射的调制。

（3）阅读器天线收到携带有调制信号的反射波后，经收发耦合、滤波放大后经解码电路获得应答器发回的信息。

（4）采用反向散射耦合方式的应答器按能量的供给方式分为无源和有源两种。

（5）无源应答器的能量由阅读器通过天线提供。但是在 UHF 和 SHF 频率范围，有关电磁兼容的国际标准对阅读器所能发射的最大功率有严格的限制，因此在有些应用中，应答器采用完全无源方式会有一定困难。

（6）应答器上安装附加电池成为有源应答器。当应答器进入阅读器的作用范围时，应答器由获得的射频功率激活，进入工作状态。为防止电池不必要的消耗，应答器平时处于低功耗模式。

（五）射频识别系统的组成

RFID 系统由阅读器、应答器和高层等部分组成。

最简单的应用系统只有一个阅读器，它一次对一个应答器进行操作，如公交汽车上的刷卡系统。较复杂的应用需要一个阅读器可同时对多个应答器进行操作，要具有防碰撞（也称防冲突）的能力。更复杂的应用系统要解决阅读器的高层处理问题，包括多阅读器的网络连接等。

1. 高层

对于由多阅读器构成网络架构的信息系统，高层是必不可少的。例如，采用RFID门票的世博会票务系统，需要在高层将多个阅读器获取的数据有效地整合起来，提供查询、历史档案等相关管理和服务。更进一步，通过对数据的加工、分析和挖掘，为正确决策提供依据，这就是常说的信息管理系统和决策系统。

2. 阅读器

阅读器在具体应用中常称为读写器，是对应答器提供能量、进行读写操作的设备。虽然因频率范围、通信协议和数据传输方法的不同，各种阅读器在某些方面会有很大的差异，但阅读器通常具有如下一些相同的功能。

（1）以射频方式向应答器传输能量。

（2）读写应答器的相关数据。

（3）完成对读取数据的信息处理并实现应用操作。

（4）若有需要，应能和高层处理交互信息。

阅读器的频率决定了RFID系统工作的频段，其功率决定了射频识别的有效距离。阅读器根据使用的技术不同可以是读或者读/写装置。它是RFID系统信息控制和处理的中心。

3. 应答器

从技术角度来说，RFID的核心在应答器，阅读器是根据应答器的性能而设计的。但是由于封装工艺等问题，应答器的设计和生产通常由专业的设计厂商和封装厂商完成，普通用户没有能力也无法接触到这一领域。

目前，应答器趋向微型化和高集成度，关键技术在于材料、封装和生产工艺，重点突出应用而非设计。应答器按照电源形式可以分为下列两种类型。

（1）有源应答器。使用电池或其他电源供电，不需要阅读器提供能量。通常靠阅读器唤醒，然后切换至自身提供能量。

（2）无源应答器。没有电池供电，完全靠阅读器提供能量。

应答器按照工作频率范围可分为下列三种类型：①低频应答器：低于135kHz；②高频应答器：13.56MHz ± 7kHz；③超高频应答器：工作频率为433MHz，866~960MHz、2.45GHz和5.8GHz（虽然属于SHF，但由于性能的相似性，通常将其归为超高频应答器范围）。

应答器在某些应用场合也叫作射频卡、标签等，但从本质而言都可统称为应答器。

（六）射频识别技术在智能制造中的应用

将 RFID 技术与制造技术相结合，可有效提升制造效率、制造品质和企业管理水平。在制造过程中，应用 RFID 技术具有以下优势：①实现各种生产数据采集的自动化和实时化，弥补企业计划层与控制层之间的"信息断层"，及时掌握生产计划和生产线生产状态；②有效跟踪、管理和控制生产所需资源和在制品，实现生产过程的透明化和可视化管理；③加强生产现场物料配送的及时性和准确性，降低装配差错率；加强生产过程质量监控和跟踪能力，提高产品质量和生产线整体生产效率。

借助 RFID 技术在识别、感知、联网、定位等方面的强大功能，将其应用于复杂零件制造过程管理，可有效提升其制造效率和品质。RFID 技术在智能制造中的应用主要有以下三个方面。

1. RFID 技术的数字化车间

RFID 在数字化车间中的应用主要包括产品管理、设备智能维护、车间混流制造。采用 RFID 技术可实现产品与主机之间的信息交互、产品的可视化跟踪管理、元器件寿命定量监控与预测。此外，可通过集成 RFID 技术的智能传感器在线监测设备关键部位运转情况，并通过网络与后台服务器通信，实现加工设备性能特征的在线监测、运行状态评估与风险预警、设备早期故障诊断与专家支持；可通过工业现场总线网络与 MES 等系统集成，实现工艺路线、加工装备、加工程序等的智能选择、加工/装配状态可视化跟踪及生产过程的实时监控。

2. 基于 RFID 技术的智能 PLM

智能化是机电产品未来发展的重要方向和趋势，产品智能化的关键之一，在于如何实现其全生命周期信息的快速获取和共享。RFID 技术与传感器技术的有效集成能实时、高效地获取产品在加工、装配、服役等阶段的状态信息，同时通过网络传输使生产商及时掌握所生产产品全生命周期的工况信息，为制造企业后台服务支撑、远程指令下达以及用户的个性化设计改进提供有力的数据支持。目前，这一技术已经在工程机械、智能家电等领域得到成功应用，展现出良好的应用前景。

3. 基于 RFID 技术的制造物流智能化

将 RFID 系统与制造企业自动出入库系统集成，可实现在制品和货品出入库自动化与货品批量识别。另外，RFID 技术和 GPS 技术的集成，可以实现制造企业在制品精确定位，同时通过网络传输，实现物流信息共享与产品全程监控，从而优化企业采购过程。将智能物流系统与企业 ERP（企业管理软件）、MES（生产执行系统）系统无缝对接，可以实现快速响应订单并降低产品库存，提升制造企业在制品物流管理的智能化水平。目前，RFID 技术已经在车间物流管理、SCM 及物流园管理中得到成功应用，可进一步推广应用到制造企业全物流管理系统中。

将 RFID 技术应用于智能制造领域，将促进智能制造技术的发展，拓展智能制造的研究领域，加快智能制造领域的技术创新，逐步减少高品质产品制造对专家的依赖性，最终彻底改变现有生产方式和制造业竞争格局。

二、人工智能技术

人工智能（Artificial Intelligence，AI）技术自 20 世纪 50 年代提出以来，人类一直致力于让计算机技术朝着越来越智能的方向发展。这是一门涉及计算机、控制学、语言学、神经学、心理学及哲学的综合性学科。同时，人工智能也是一门有强大生命力的学科。它试图改变人类的思维和生活习惯，延伸和解放人类智能，也必将带领人类走向科技发展新的纪元。

（一）人工智能技术的产生及分类

人工智能技术是一门研究和开发用于模拟与拓展人类智能的理论方法和技术手段的新兴科学技术。智能（intelligence）是人类所特有的区别于一般生物的主要特征。可以解释为人类感知、学习、理解和思维的能力，通常被解释为"人认识客观事物并运用来解决实际问题的能力……往往通过观察、记忆、想象、思维、判断等表现出来"。人工智能正是一门研究、理解、模拟人类智能，并发现其规律的学科。

人工智能是计算机科学的一个分支，它试图了解智能的实质，并生产出一种新的能以人类智能相似的方式做出反应的智能机器。该领域的研究包括机器人、语言识别、图像识别、自然语言处理和专家系统等。人工智能从诞生以来，理论和技术日益成熟，应用领域也不断扩大，可以设想，未来人工智能带来的科技产品，将会是人类智慧的"容器"，势必承载着人类科技的发展进步。

人工智能是对人的意识、思维的信息过程的模拟。人工智能不是人类智能，但能像人那样思考，更有可能超过人类智能。人工智能是一门极富挑战性的科学，从事这项工作的人必须懂得计算机知识、心理学和哲学。总的来说，人工智能研究的一个主要目标是使机器能够胜任一些通常需要人类智能才能完成的复杂工作。

1. 人工智能技术的产生

自人类诞生以来，就力图根据当时的认识水平和技术条件，用机器来代替人的部分脑力劳动，以提高人类智能的能力。经过科技漫长的发展，一直到进入 20 世纪后，人工智能才相继出现一些开创性的工作。1936 年，年仅 24 岁的英国数学家 A. M. Turing 就在他的一篇名为《理想计算机》的论文中提出了著名的图灵机模型，1950 年他又在《计算机能思维吗?》一文中提出了机器能够思维的论述，可以说正是他的大胆设想和研究为人工智能技术的发展方向和模式奠定了深厚的思想基础。

1956 年，在美国达特蒙斯（Dartmouth）大学一次历史性的聚会被认为是人工智能科学正式诞生的标志。随后，以人工智能为研究目标的几个研究组也次第在美国得到成立。其中，最著名的当数被称为"人工智能之父"的斯坦福大学麦卡锡（John McCartney），人工智能概念正是由他和几位来自不同学科的专家提出来的。这门技术当时涉及数学、计算机、神经生理学、心理学等多门学科。至此人工智能技术开始作为一门成形的新兴学科开始茁壮成长。

2. 人工智能技术的分类

就目前情况来看，人工智能可以分为两大类：强人工智能和弱人工智能。我们目前依然处于弱人工智能阶段，之所以称之为"弱"，是因为这样的人工智能不具备自我思考、自我推理和解决问题的能力，统筹地讲就是没有自主意识，所以并不能称之为真正意义上的智能。而强人工智能则恰好相反，若能配合合适的程序设计语言，理论上它们便可以有自主感知能力、自主思维能力和自主行动能力。目前，强人工智能的类型又分为两种：一种是类人的人工智能，机器完全模仿人的思维方式和行为习惯；另一种是非类人的人工智能，机器有自我的推理方式，不按照人类的思维行动模式生产和生活。强人工智能技术具有很大的自主意识，它们既可以按照人预先设定的指令具体去做什么。也可以根据具体环境需求自身决定怎么做、做什么，它们具有主动处理事务的能力，也就是说，可以不根据人类事先做好的设定而机械地去行动。就当下的技术手段程序语言设计发展阶段而言，我们离实现强人工智能的距离还很远，但是不排除在编程技术实现智能化后，人工智能会带来天翻地覆的变化，到那个时候它们所带来的伦理问题才会是困扰人们的难题。

（二）人工智能技术的主要应用领域及其影响

从人类社会的发展进程来看，新 IT 时代是历史的必然。按照科学哲学家波普尔的观点，世界由三部分组成：物理世界、心理世界和人工世界。农业技术开发了物理世界的地面资源，使人类从追逐食物四处漂泊到安居乐业，确保了我们的生存与发展。科学的兴起，首先解放了人们的心理世界，工业技术随之涌现，极大地扩展了人类的体力和感知能力，使人们能够上天入地开发空间和矿藏资源，大大提高了人类的生活水平。今天，随着智能技术的逐渐成熟，人类面临着开发人工的"第三世界"之伟大任务，也就是说要解放智力，让数据资源、知识体系和社会智慧成为建设新 IT 时代的动力，进而把人们带入一个崭新的"智业"社会。

1. 人工智能技术的主要应用领域

人工智能技术是在计算机科学、控制论、信息论、心理学、语言学及哲学等多种学科相互渗透的基础上发展起来的一门新型边缘学科，主要用于研究用机器（主要是计算机）来规范和实现人类的智能行为。经过几十年的发展，人工智能在不少领域得到发展，在人们的日常生活和学习当中得到了越来越多的应用。

（1）智能感知

智能感知包括模式识别和自然言语理解。人工智能所研究的模式识别是指用计算机代替人类或帮助人类感知的模式，也是对人类感知外界功能的模拟。研究的是计算机模式识别系统，也就是使一个计算机系统具有模拟人类通过感官接收外界信息、识别和理解周围环境的感知能力。而自然言语理解，就是让计算机通过阅读文本资料建立内部数据库，可以将句子从一种语言转换为另一种语言，实现对给定的指令获取知识等。此类系统的目的就是建立一个可以生成和理解语言的软件环境。

（2）智能推理

智能推理包括问题求解、逻辑推理与定理证明、专家系统、自动程序设计。人工智能的第一个主要成果是一个可以解决问题的国际象棋程序的发展。在象棋应用中的某些技术，如果再往前看几步，可以将很难的问题分为一些比较容易的问题，开发问题搜索和问题还原等人工智能技术。而基于此的逻辑推理也是人工智能研究中最持久的子领域之一。这就需要人工智能不仅具备解决问题的能力，更要有一些假设推理和直觉技巧。在此两者基础上出现的专家系统就是一个相对完整的智能计算机程序系统，应用大量的专家知识，解决相关领域的难题，经常要在不完全、不精确或不确定的信息基础上做出结论。而所有这三个功能的实现都是最终实现自动程序的基础，让计算机学会人类的编程理论并自行进行程序设计这一功能目前最大的贡献之一就是作为问题求解策略的调整概念。

（3）智能学习

学习能力无疑是人工智能研究中最突出和最重要的方面之一。学习更是人类智力的主要标志，也是获取知识的基本手段。近年来，人工智能技术在这方面的研究取得了一定的进展，包括机器学习、神经网络、计算智能和进化计算。而智能学习正是计算机获得智能的根本途径。此外，机器学习将有助于发现人类学习的机制，揭示人类大脑皮层的奥秘。所以这是一个一直受到关注的理论领域，思维和行动是创新的，方法也是近乎完美的，但目前的水平距理想状态还是有一定的距离的。

（4）智能行动

智能行动是人工智能应用最广泛的领域，也是最贴近生活的领域，包括机器人学、智能控制、智能检索、智能调度与指挥、分布式人工智能与 Agent、数据挖掘与知识发现、人工生命、机器视觉等。智能行动实际上就是对机器人操作程序的研究，它从研究机器人手臂相关问题开始，进而达到最佳的规划方法，以获得完美的机器人移动序列为目标，最终成功产生人工生命。而将来智能人工生命的成功研制也必将会作为人工智能技术突破的标志。

2. 人工智能技术对人类社会的主要影响

（1）取代重复简单劳动力

人工智能技术的崛起将导致"失业潮"的发生已基本成为行业的共识。"世界经济论坛"2016 年年会，基于对全球企业战略高管和个人的调查发布报告称：未来 5 年，随着机器人和人工智能等技术的崛起，将导致全球 15 个主要国家的就业岗位减少 710 万个，2/3 将属于办公和行政人员。得克萨斯州莱斯大学（Rice University）计算机科学教授摩西·瓦迪（Moshe Vardi）近日同样表示，今后 30 年，计算机可以从事人类的所有工作，他预计，2045 年的人类失业率将超过 50％。

（2）新成员进入社会

一方面，人们迫切希望人工智能能代替人类进行各种劳动；另一方面，人们也担心人工智能的发展会带来新的社会问题。事实上，近年来，社会结构正在悄然地发生变化。社会结构正在由"人—机器"到"人—智能机器—机器"悄然地转变。因此，人们必须开始学习如何与智能机器和睦相处。

（3）人类容易产生惰性思维方式

人工智能对知识的掌握将会是动态的，是会不断增加和更新的，而且知识更新的速度远超人类的极限，这势必会影响到人类的思维方式，使得越来越多的人过度依赖人工智能的计算，从而自身的主动思维能力日渐下降。这会造成人们对于事物和是非的判断能力减弱，到最后只是一味地听取计算机给予的建议，认知能力越来越弱，逐渐开始对社会产生错觉，并且在日常生活中失去对问题的求知责任感，这或许才是人工智能对人类真正的威胁。

（4）像核武器般技术失控

任何新技术最大危险莫过于人类对它失去了控制，或者是它落入那些企图利用新技术反对人类的人手中。就像我们现实生活中存在的核武器，在相当长的一段时间内有核国家确实对一些世界邪恶力量起到了震慑作用，但在和平年代，我们不得不随时担心核武器所带来的不可控的后果。人类发明了核武器，却无法控制它所带来的恐怖影响。如果人工智能技术发展继续遵循武器的发展规律，也必将出现技术失控的现象，而这门技术带来的负面影响要远大于武器。至于结果，这从人们近些年拍摄的科幻电影中便可预见。

如今，随着人工智能技术的发展更多的机器人被制造出来，智能手机已经成为人类的忠实助手，曾经的许多工作也会被智能机器人所取代。但这种交替的过程也会产生许多新的工作需求，使得人类可以更加舒适、轻松、智慧地生活。人类始终善于利用机器人的优势并弥补机器人的不足，或者用新的机器人来淘汰旧的机器人；反之，人类也能够借助机器人的力量来实现自身能力与智慧的增长。同样，人工智能的存在也一定会使人类自身变得更加智能。

第四节　机械智能制造的其他技术

一、实时定位和机器视觉技术

（一）实时定位技术及其应用

在实际生产制造现场，需要对多种材料、零件、工具、设备等资产进行实时跟踪管理；在制造的某个阶段，材料、零件、工具等需要及时到位和撤离；生产过程中，需要监视对制品的位置行踪，以及材料、零件、工具的存放位置等。这样，在生产系统中需要建立一个实时定位网络系统，以完成生产全程中角色的实时位置跟踪。这就是实时定位系统（Real Time Location System，RTLS）。

RTLS 由无线信号接收传感器和标签无线信号发射器等组成。一般来说，被跟踪目标贴上有源 RFID 标签，在室内布置三个以上阅读器天线，使用有源 RFID 标签来发现目标位置；三个阅读器天线接收到标签的广播信号，每个信号将接收时间传递到一个软件系统，使用三角测量来计算目标位置。

RTLS 通常建在一个建筑物内或室外识别和实时跟踪对象的位置。RTLS 通常不包括 GPS、手机跟踪或只使用被动 RFID 跟踪的系统。RTLS 的物理层技术通常是某种形式的射频（RF）通信，但一些系统使用了光学（通常是红外）或声（通常是超声波）技术代替了无线射频。标签和固定参考点可以布置发射器和接收器，或两者兼而有之。

目前，室内实时定位系统通常采用超声、红外、超宽带（UWB）、窄频带等技术，在带宽、精度、墙体穿透性、抗干扰能力等方面存在各自的特点，其技术性能见表 3-4。从表中可以看出超宽带的综合性能最优，所以在许多生产制造现场广泛采用基于超宽带的实时定位系统。

表 3-4　几种室内实时定位技术性能比较

分类				频率	带宽	精度	增体穿透性	贴标签	抗回波干扰
超声				非常高	非常高	非常高	不能	非常高	非常好
电磁	红外			非常高	非常高	非常高	不能	非常高	非常好
	射频	常规	超宽带	高	非常高	非常高	好	非常高	非常好
			窄频带	中	低	差	优异	低	差
			扩展频谱 信号强度	中	中	差	优异	低	差
			扩展频谱 达到时间	中	中	中	非常好	中	中

（二）机器视觉系统的组成

机器视觉系统主要由三部分组成：图像的获取，图像的处理和分析以及图像的输出或显示。图像的获取实际上是将被测物体的可视化图像和内在特征转换成能被计算机处理的一系列数据。它主要由照明、图像聚焦形成、图像确定和形成摄像机输出信号这几部分组成。

视觉信息的处理主要依赖图像处理技术，它包括图像增强、数据编码和传输、平滑、边缘锐化、分割、特征抽取、图像识别与理解等内容。经过这些处理后，输出图像的质量得到相当程度的提升，既改善了图像的视觉效果，又便于计算机对图像进行分析、处理和识别。

机器视觉系统主要利用颜色、形状等信息来识别环境目标。以机器人对颜色的识别为例，当摄像头获得彩色图像以后，机器人上的嵌入计算机系统将模拟视频信号数字化，将像素根据颜色分成两部分——感兴趣的像素（搜索的目标颜色）和不感兴趣的像素（背景颜色）。

然后，对这些感兴趣的像素进行 RGB 颜色分量的匹配。

（三）机器视觉系统的应用

机器视觉技术伴随计算机技术与现场总线技术的发展已日臻成熟，成为现代加工制造业不可或缺的部分，广泛应用于食品和饮料、化妆品、制药、建材和化工、金属加工、电子制造、包装、汽车制造等行业的各个方面。

在流水化作业生产、产品质量检测方面，有时需要由工作人员观察、识别、发现生产环节中的错误和疏漏。若引入机器视觉技术取代传统的人工检测方法，就能极大地提高生产效率和产品的良品率。

同时，机器视觉技术还能在检测超标准烟尘及污水排放等方面发挥作用。利用机器视觉，能够及时发现机房及生产车间的火灾、烟雾等异常情况。利用机器视觉中的面相检测和人脸识别技术，可以帮助企业加强出入口的控制和管理，提高管理水平，降低管理成本。

近年来新兴行业的发展，也为机器视觉拓展了新的市场空间。

一是太阳能领域。太阳能电池和模块的生产者可以使用机器视觉，装配、检测、识别和跟踪产品。

二是交通监控领域。可以利用车牌识别技术，发现违法停车、逆行、交通肇事车辆等。

三是自然灾害领域。在对地震、山体滑坡、泥石流、火山喷发的发现、识别、防范以及对河流水文状况的监测等领域，机器视觉技术都有巨大应用空间有待发掘。

四是工业领域。根据检测性质和应用范围，机器视觉技术的工业应用分为定量和定性检测两大类，每类又分为不同的子类。在工业在线检测的各个领域，机器视觉技术都十分活跃，如印刷电路板的视觉检查、钢板表面的自动探伤、大型工件平行度和垂直度测量、容器容积或杂质检测、机械零件的自动识别分类和几何尺寸测量等。此外，许多场合使用其他方法难以完成检测任务，机器视觉系统则可出色胜任。机器视觉正越来越多地在工业领域代替人类视觉，这无疑在很大程度上提高了生产的自动化水平和检测系统的智能水平。

（四）机器视觉系统的工作过程

一个完整机器视觉系统的主要工作过程包括以下方面。

一是工件定位检测器探测到物体已经运动至接近摄像系统的视野中心，向图像采集部分发送触发脉冲。

二是图像采集部分按照事先设定的程序和延时，分别向摄像机和照明系统发出启动脉冲。

三是摄像机停止目前的扫描，重新开始新的一帧扫描，或者摄像机在启动脉冲来到之前处于等待状态，启动脉冲到来后则启动一帧扫描。

四是摄像机开始新的一帧扫描之前打开曝光机构，曝光时间可以事先设定。

五是另一个启动脉冲打开灯光照明，灯光的开启时间应该与摄像机的曝光时间匹配。

六是摄像机曝光后，正式开始一帧图像的扫描和输出。

七是图像采集部分接收模拟视频信号通过 A/D 将其数字化，或者是直接接收摄像机数字化后的数字视频数据。

八是图像采集部分将数字图像存放在处理器或计算机的内存中。

九是处理器对图像进行处理、分析、识别，获得测量结果或逻辑控制值。

十是处理结果控制流水线的动作、进行定位、纠正运动的误差等。

从上述的工作过程可以看出，机器视觉是一种比较复杂的系统。因为大多数系统监控对象都是运动物体，系统与运动物体的匹配和协调动作尤为重要，所以给系统各部分的动作时间和处理速度带来了严格的要求。在某些应用领域，如机器人、飞行物体制导等，对整个系统或者系统的一部分的重量、体积和功耗都会有严格的要求。

（五）智能工厂对机器视觉的需求

机器视觉在智能工厂中扮演着重要的角色，可以有效增加产能、提高产品合格率。在选择小型机器视觉系统时，传统工业智能相机的优势是体积小，集成度高，便于开发使用。而嵌入式机器视觉系统的优势则在于配置相当有弹性，可配备较高等级的 CPU 处理器，支持多通道相机，并具备高扩展性。

在选用机器视觉系统时，需要考虑以下因素。

1. 处理器计算性能

在机器视觉图像采集与分析的过程中，处理器的计算能力至关重要。图像数据采集到系统后，必须通过系统处理器进行计算与图像质量优化，因为受限于CPU计算资源，能够处理的图像数据量也会受到限制。然而，若能通过FPGA的支持，将图像的矩阵计算在交给CPU计算之前做好过滤及优化处理，则可大幅加速图像处理的性能，降低CPU负担。这样一方面，可以把系统资源留给机器视觉系统的核心——图像算法；另一方面，还可更实时地处理大数据量的图像，让高速及复杂的图像处理与分析得以实现。

2. 图像传感器的优劣

图像传感器是机器视觉系统的灵魂，直接影响图像的质量。如果要将机器视觉应用在高端高速的检测应用上，那么传感器的质量和尺寸就会成为选用系统时必须考虑的要点。

3. 生产线环境

工厂的环境通常是较为恶劣的。例如在饮料生产的包装线上，系统可能会直接接触到液体，而在工具机加工的环境中，则是充满切削工件的恶劣环境。如果机器视觉系统需要就近配置在严苛的生产线环境中，则应根据需求，确定是否选用具备防水、防尘能力的产品。

4. 软件开发环境

软件解决方案开发的难易度与整合度的高低，是所有导入智能化系统的工程人员心中的一大担忧，也往往是决定项目成败的最重要因素。如何缩短开发时间，降低开发成本是关键。

由于机器视觉系统可以快速获取大量信息，易于自动处理，也便于集成设计信息和加工控制信息，因此，在现代自动化生产过程中，机器视觉系统广泛应用于工况监视、成品检验和质量控制等领域。机器视觉系统的特点是能够提高生产的柔性和自动化程度。在大批量工业生产过程中，用人工视觉检查产品质量效率低且精度不高，用机器视觉系统进行检测则可大大提高生产效率和生产的自动化程度，而在一些不适合人工作业的危险环境，或者人工视觉难以满足要求的场合，也常用机器视觉替代人工视觉。

传统制造业的颠覆性转型升级，将给中国自动化行业带来巨大的市场机遇，而机器视觉作为自动化领域的高智能产品，未来将具有巨大的发展潜力。

二、虚拟制造技术

（一）虚拟制造技术的概念和特点

虚拟制造技术（Virtual Manufacturing Technology，VMT）是以虚拟现实和仿真技术为基础，对产品的设计、生产过程统一建模，在计算机上实现产品从设计、加工和装配、检验到使用整个生命周期的模拟和仿真，以增强制造过程各级的决策与控制能力的制造技术。

虚拟制造的研究也是一个不断深入、细化的过程。国际上不同的研究人员从不同角度出发，给出了各具特点的描述，同时也将继续发展。其中有代表性的定义包括以下四种。

一是虚拟制造是指通过对制造知识进行系统化组织与分析，对整个制造过程建模，在计算机上进行设计评估和制造活动仿真。其强调通过用虚拟制造模型对制造全过程进行描述，在实际的物理制造之前就具有了对产品性能及其可制造性的预测能力。

二是虚拟制造是一个集成的、综合的可运行制造环境，其目的是提高各个层次的决策与控制。

三是虚拟制造建立在计算机建模、分析和仿真技术的基础之上，它是对这些技术的综合应用。这种综合应用增强了各个层次的设计制造、生产决策与控制能力。

综上，虚拟制造涉及多个学科领域，是对这些领域知识的综合集成与应用。计算机仿真、建模和优化技术是虚拟制造的核心与关键技术。因此，可以认为，虚拟制造是对制造过程中的各个环节，包括产品的设计、加工、装配，乃至企业的生产组织管理与调度进行统一建模，形成一个可运行的虚拟制造环境，以软件技术为支撑，借助高性能的硬件，在计算机局域/广域网络上，生成数字化产品，实现产品设计、性能分析、工艺决策、制造装配和质量检验。它是数字化形式的广义制造系统，也是对实际制造过程的动态模拟。所谓"虚拟"，是相对于实物产品的实际制造系统而言的, 强调的是制造系统运行过程的计算机化。

计算机软硬件技术和网络技术的广泛应用, 使虚拟制造具有了四个特点: ①无须制造实物样机就可以预测产品性能, 节约制造成本, 缩短产品开发周期。②产品开发中可以及早发现问题, 实现及时的反馈和更正。③以软件模拟形式进行产品开发。④企业管理模式基于 Intranet 或 Internet, 整个制造活动具有高度的并行性。

(二) 虚拟制造的种类

广义的制造过程不仅包括产品的设计、加工和装配, 还包含对企业生产活动的组织与控制。从这个观点出发, 可以把虚拟制造划分为以下几类。

1. 以设计为中心的虚拟制造

以设计为中心的虚拟制造强调以统一制造信息模型为基础, 对数字化产品模型进行仿真与分析、优化, 进行产品的结构性能、运动学、动力学、热力学方面的分析和可装配性分析, 以获得对产品的设计评估与性能预测结果。

2. 以生产为中心的虚拟制造

以生产为中心的虚拟制造是在企业资源的约束条件下, 对企业的生产过程进行仿真, 对不同的加工过程及其组合进行优化。它对产品的 "可生产性" 进行分析与评价, 对制造资源和环境进行优化组合, 通过提供精确的生产成本信息对生产计划与调度进行合理化决策。

3. 以控制为中心的虚拟制造

以控制为中心的虚拟制造是将仿真技术引入控制模型, 提供模拟实际生产过程的虚拟环境, 使企业在考虑车间控制行为的基础上对制造过程进行优化控制。

总之, 以上 3 种虚拟制造分别侧重制造过程的不同方面, 但它们都以计算机建模、仿真技术为重要的实现手段, 通过对制造过程进行统一建模, 用仿真支持设计过程、模拟制造过程, 从而进行成本估算和生产调度。

(三) 虚拟制造关键技术

VMT 的涉及面很广, 如可制造性自动分析、分布式制造技术、决策支持工具、接口技术、智能设计技术、建模技术、仿真技术及虚拟现实技术等。其中,后四项是虚拟制造的核心技术。

1. 智能设计技术

智能设计技术是对传统计算机设计技术（Computer Aided Design，CAD）的研究和加强，既具有传统 CAD 系统的数值计算和图形处理能力，又能满足设计过程自动化的要求，对设计的全过程提供智能化的计算机支持，因此又被称为智能 CAD 系统，简称 ICAD。

智能设计技术具有如下特点。

（1）以设计方法学为指导。设计方法学对设计本质、过程设计思维特征及其方法学的深入研究，是智能设计模拟人工设计的基本依据。

（2）以人工智能技术为实现手段。借助专家系统技术的强大知识处理功能，结合人工神经网络和机器学习技术，较好地支持设计过程自动化。

（3）将传统 CAD 技术作为数值计算和图形处理工具，提供对设计方案优化和图形显示输出的支持。

（4）面向集成智能化。不仅支持设计的全过程，还能为集成其他系统提供统一的数据模型及数据交换接口。

（5）提供强大的人机交互功能。使设计师对智能设计过程的干预，即人和人工智能的融合成为可能。

随着对市场及用户数据的采集、分析和挖掘，以及参与式设计支撑技术的发展，传统的设计流程已从设计师为主导的为用户设计，向基于用户需求的智能化设计转变。

2. 建模技术

虚拟制造系统（Virtual Manufacturing System，VMS）是现实制造系统（Real Manufacturing System，RMS）在虚拟环境下的映射，是 RMS 的模型化、形式化和计算机化的抽象描述和表示。VMS 的建模包括生产模型、产品模型和工艺模型。

3. 仿真技术

仿真，就是应用计算机将复杂的现实系统抽象并简化为系统模型，然后在分析的基础上运行此模型，从而获知原系统一系列的统计性能的技术。仿真是以系统模型为对象的研究方法，不会干扰实际生产系统。而且，利用计算机的快速运算能力，仿真可以用很短时间模拟实际生产中需要很长时间的生产周期，因此可以缩短决策时间，避免资金、人力和时间的浪费，并可重复仿真，优化实施方案。

计算机仿真技术作为一门新兴的高科技技术，其方法学建立在计算机能力的基础之上。随着计算机技术的发展，仿真技术也得到迅速发展，其应用领域及作用也越来越大，尤其在航空、航天、国防及其他大规模复杂系统的研制开发过程中，计算机仿真一直是不可缺少的工具。它在减少损失、节约经费、缩短开发周期、提高产品质量等方面发挥了巨大的作用。

在从产品的设计到制造以至测试维护的整个生命周期中，计算机仿真技术应用贯穿始终，包括：①概念设计阶段，计算机仿真技术进行产品动力学分析（如应力分析、强度分析）、产品运动学仿真（如机构之间的连接与碰撞）。②详细设计阶段，计算机仿真技术进行刀位轨迹仿真、加工过程的仿真（检查 NC 代码）、装配仿真。③加工制造阶段，计算机仿真技术进行制造车间设计（布局、设备选择）、生产计划及作业调度、制定各级控制器设计、故障处理。④测试阶段，用测试仿真器。⑤培训/维护阶段，用训练仿真器。⑥销售阶段，用供应链仿真器等。总的来说，先进制造技术的发展，为计算机仿真的应用提供了新的舞台，也提出了更高的要求。

（1）仿真技术的应用具有以下特点和趋势。

①仿真技术的应用范围空前地扩大了。在仿真的对象及目的方面，已由研究制造对象（产品）的动力学特性、运动学特性，以及产品的加工、装配过程，扩大到研究制造系统的设计和运行，并进一步扩大到后勤供应、库存管理、产品开发过程的组织、产品测试等方面。其涉及制造企业的各个方面。

②与网络技术结合所带来的仿真的分布性。仿真的分布性是由制造的分布性决定的。敏捷制造、虚拟企业等概念本身就有基于网络实现异地协作的含义。

③与图形和传感器技术相结合，使仿真的交互性大大增强。并由此形成了虚拟制造（Virtual Manufacturing，VM）、虚拟产品开发（Virtual Product Development，VPD）、虚拟测试（Virtual Test，VT）等新概念。

④仿真技术应用的集成化。即综合运用仿真技术，形成可运行的产品开发和制造环境。

（2）计算机仿真在制造业中的具体应用如下。

①面向产品的仿真

产品的静态、动态性能的分析。产品的静态特性主要指应力、强度等力学特性；产品的动态特性主要指产品运动时，机构之间的连接与碰撞。

产品的可制造性分析（DFM）。其包括技术分析和经济分析。技术分析根据产品技术要求及实际的生产环境对可制造性进行全面分析；经济分析进行费用分析，根据反馈时间、成本等因素，对零件加工的经济性进行评价。

产品的可装配性分析（DFA）。其分析装拆可能性，进行碰撞干涉检验，拟定出合理的装配工艺路线，并直观显示装配过程和装配到位后的干涉、碰撞问题。

②面向制造工艺和装备的仿真

面向制造工艺和装备的仿真主要指对加工中心加工过程的仿真和机器人的仿真。

加工过程仿真（MPS）。由 NC 代码驱动，主要用于检验 NC 代码，并检验装夹等因素引起的碰撞干涉现象。其具体功能包括以下方面：

仿真加工设备及加工对象在加工过程中的运动及状态。

加工过程仿真的每一步均由 NC 代码驱动。

零件加工过程具有三维实时动画功能，当发现碰撞时，会发出报警。

机器人的仿真。随着机器人技术的迅速发展，机器人在制造系统中也得到了广泛应用。然而由于机器人是一种综合了机、电、液的复杂动态系统，使得只有通过计算机仿真来模拟系统的动态特性，才能揭示机构的合理运动方案及有效的控制算法，从而解决在机器人设计、制造及运行过程中的问题。

针对制造系统中机器人的应用开展的研究，如柔性制造系统或计算机集成制造系统中机器人的仿真问题。

针对机器人操作手本身的特性进行的仿真研究，如运动学仿真、动力学仿真、轨迹规划和碰撞检验等问题。

机器人离线编程系统的研究，如利用仿真生成满意的运动方案自动转换成机器人控制程序去驱动控制器动作。

③面向生产管理的仿真

生产管理的基本功能是计划、调度和控制。就仿真技术在生产管理中的应用来说，大致包括：生产管理控制策略、制造车间的设计和运行、库存管理等。

A. 计算机仿真在生产管理控制策略中的应用

用于生产管理控制策略的仿真包括确定有关参数及用于不同控制策略之间的比较。比较常见的控制策略如下：

MRP：这是一种"推"式的控制策略，通过需求预测，综合考虑生产设备能力、原材料可用量和库存量来制订生产计划。

KANBAN（看板）：这是一种"拉"式的控制策略，根据订单来制定生产计划，即通常所说的准时生产。

LOC：面向负载能力的控制策略。根据库存水平来控制生产过程。

DBR：面向瓶颈的控制策略。根据生产过程中的瓶颈环节来控制整个流程。

比较的衡量指标一般包括产量、生产率等。每种控制策略中需要确定的参数包括批量大小、看板数量、库存水平等。

B. 计算机仿真在制造车间设计中的应用

一般可以把车间的设计过程分为两个主要阶段：初步设计阶段和详细设计阶段。初步设计阶段的任务是研究用户的需求，然后由此确定初步设计方案；详细设计阶段的主要任务是在初步设计的基础上，提出对车间各个组成单元的详尽而完整的描述，使设计结果能够达到进行实验和投产决策的程度，具体来说，即确定设备、刀具、夹具、托盘、物料处理系统、车间布局等。而仿真技术则主要用于方案的评价和选择。

在初步设计阶段，可以在仿真程序中包含经济效益分析算法，运行根据初步设计方案所建立的仿真模型，给出以下评价信息：

在新车间中生产的产品类型和数量能否满足用户要求？

产品的质量和精度是否能够满足要求？

新车间的效率和投资回收率是否合理？

在详细设计阶段，使用仿真技术可以对候选方案的以下方面做出评价：

在制造主要零件时，车间中主要加工设备是否能够得到充分的利用？

负载是否比较平衡？

物料处理系统是否能够和车间的柔性程度相适应？

新车间的整体布局是否能够满足生产调度的要求？

是否具有一定的可重构能力？

在发生故障时，车间生产系统是否能够维持一定程度的生产能力？

目前，国内外都已经开发出了一些成熟的软件可用于辅助车间生产系统的设计，如普渡大学开发的 GCMS、System Modeling 公司开发的 SIMAN/CINEMA、Auto Simulation 公司开发的 AU TOMOD/AUTOGRAM、清华大学开发的 IM MS 等。

C. 计算机仿真在制造车间运行中的应用

FMS 中的调度问题可以定义为分配和协调可获得的生产资源，如加工机器、自动引导运输工具（AGV）、机器人及加班的时间等，以满足指定的目标。这些目标可以是满足交货日期、产量达到最大，机器的利用率达到最高，或上述目标的组合。

FMS 中的调度过程包括选择进入 FMS 的工件、为工件加工选择加工路线、选择在机器上进行加工的工作、为 AGV 选择派遣规则等。

目前，已经有一些成熟的软件可用来解决调度问题，如 Autosched、Job TimePlus、FACTOR、FACTOR/AIM、SIMNETD 等。我国也已研制开发了用于车间调度层的仿真软件，如南开大学研制的 Job Shop 调度仿真软件，清华大学与航天部 204 所等单位开发的工厂仿真调度环境 FASE 及在此基础上开发的智能规则调度系统等。

D. 计算机仿真在库存管理中的应用

在整个生产系统中，库存子系统起着重要的作用。按照库存材料在生产线中作用，可分为在线仓库和中央仓库；按库存材料性质分，可分为原材料及外购件库、在制品库、成品库和维修备件及工具库。库存控制的目的在于，使库存投资最少，且要满足生产和销售的要求。

对于库存管理的仿真包括确定订货策略、确定订货点和订货批量、确定仓库的分布、确定安全库存水平等。

4. 虚拟现实技术

虚拟现实技术（Virtual Reality，VR）是采用以计算机技术为核心的现代先进技术，生成逼真的视觉、听觉、触觉一体化的虚拟环境，用户可以通过必要的输入/输出设备与虚拟环境中的物体进行交互，相互影响，进而获得身临其境的感受与体验。这种由计算机生成的虚拟环境可以是某一特定客观世界的再现，也可以是纯粹虚构的世界。

虚拟现实技术作为一种高新技术，集计算机仿真技术、计算机辅助设计与图形学、多媒体技术、人工智能、网络技术、传感技术、实时计算技术及心理行为学研究等多种先进技术为一体，为人们探索宏观世界、微观世界及出于种种原因不能直接观察的事物变化规律提供了极大的便利。在虚拟现实环境中，参与者借助数据手套、三维鼠标、方位跟踪器、操纵杆、头盔式显示器、耳机及数据服务器等虚拟现实交互设备，同虚拟环境中的对象相互作用，虚拟现实中的物体能做出实时反馈，产生身临其境的交互式视景仿真和信息交流。

（1）虚拟现实技术最重要的特点

①沉浸感。虚拟环境中，设计者通过具有深度感知的立体显示、精细的三维声音及触觉反馈等多种感知途径，观察和体验设计过程与设计结果。一方面，虚拟环境中可视化的能力进一步增强，借助新的图形显示技术，设计者可以得到实时、高质量、具有深度感知的立体视觉反馈；另一方面，虚拟环境中的三维声音使设计者能更为准确地感受物体所在的方位，触觉反馈支持设计者在虚拟环境中抓取、移动物体时直接感受到物体的反作用力。在多感知形式的综合作用下，用户能够完全"沉浸"在虚拟环境中，多途径、多角度、真实地体验与感知虚拟世界。

②交互性。虚拟现实系统中的人机交互是一种近乎自然的交互，使用者通过自身的语言、身体运动或动作等自然技能，就可以对虚拟环境中的对象进行操作。而计算机根据使用者的肢体动作及语言信息，实时调整系统呈现的图像及声音。用户可以采用不同的交互手段完成同一交互任务。例如进行零件定位操作时，设计者可以通过语音命令给出零件的定位坐标点，或通过手势将零件拖到定位点来表达零件的定位信息。各种交互手段在信息输入方面各有优势，语音的优势在于不受空间的限制，设计者无须"触及"设计对象，就可对其进行操纵，而手势等直接三维操作的优势在于运动控制的直接性。通过多种交互手段的结合，提高了信息输入带宽，有助于交互意图的有效传达。

③实时性。有以下两种重要指标来衡量虚拟现实系统的实时性：其一是动态特性，视觉上，要求每秒生成和显示 30 帧图形画面，否则将会产生不连续和跳动感；触觉上，要实现虚拟现实的力的感觉，必须以 1000 帧/s 的速度计算和更

新接触力。其二是交互延迟特性，对于人产生的交互动作，系统应立即做出反应并生成相应的环境和场景，其间的时间延迟不应大于 0.1s。

（2）数字化虚拟制造在制造业中的应用

数字化 VMT 首先成功应用于飞机、汽车等工业领域。未来的应用前景主要集中在以下两个方面。

①虚拟产品制造。应用计算机仿真技术，对零件的加工方法、工序顺序、工装选用、工艺参数选用，加工工艺性、装配工艺性、配合件之间的配合性、连接件之间的连接性、运动构件的运动性等均可建模仿真。建立数字化虚拟样机是一种崭新的设计模式和管理体系。

虚拟样机是基于三维计算机辅助设计（Computer Aided Design，CAD）的产物。三维 CAD 系统是造型工具，能支持"自顶向下"和"自底向上"等设计方法，完成结构分析、装配仿真及运动仿真等复杂设计过程，使设计更加符合实际设计过程。三维造型系统能方便地与计算机辅助工程（Computer Aided Engineering，CAE）系统集成，进行仿真分析；能提供数控加工所需的信息，如 CNC（Computer Number Control）代码，实现 CAD/CAE/CAPP/CAM 的集成。一个完整的虚拟样机应包含以下内容。

零部件的三维 CAD 模型及各级装配体，三维模型应参数化、适合于变形设计和部件模块化。

与三维 CAD 模型相关联的二维工程图。

三维装配体适合运动结构分析、有限元分析、优化设计分析。

形成基于三维 CAD 的产品数据管理（Product Data Management，PDM）结构体系。

从虚拟样机制作过程中，摸索出定制产品的开发模式及所遵循的规律。

三维整机的检测与试验。

以 CAD/CAM 软件为设计平台，建立全参数化三维实体模型。在此基础上，对关键零件进行有限元分析及对整机或部件的运动模拟。通过数字化虚拟样机的建立与使用，帮助企业建立起一套基于三维 CAD 的产品开发体系，实现设计模式的转变，加快产品推向市场的周期。

②虚拟企业。虚拟企业是目前国际上一种先进的产品制造方式，采用的是

"两头在内，中间在外"的哑铃形生产经营模式，即"产品开发"和"销售"两头在公司内部进行，而中间的机械加工部分则通过外协、外购方式进行。

虚拟企业的特征是：企业地域分散化。虚拟企业从用户订货、产品设计、零部件制造，以及装配、销售、经营管理都可以分别由处在不同地域的企业联作，进行异地设计、异地制造、异地经营管理。虚拟企业是动态联盟形式，突破了企业的有形界限，能最大限度地利用外部资源加速实现企业的市场目标。企业信息共享化是构成虚拟企业的基本条件之一，企业伙伴之间通过互联网及时沟通信息，包括产品设计、制造、销售、管理等信息，这些信息是以数据形式表示，能够分布到不同的计算机环境中，以实现信息资源共享，保证虚拟企业各部门步调高度协调，在市场波动条件下，确保企业最大整体利益。

虚拟企业的主要基础是：建立在先进制造技术基础上的企业柔性化，在计算机上完成产品从概念设计到最终实现的全过程模拟的数字化虚拟制造，以及计算机网络技术。这三项内容是构成虚拟企业不可缺少的必要条件。

VMT 的主要目标，是能够根据实际生产线及生产车间情况进行规模布局，以建模与仿真为核心内容，进行产品的全生命设计，有巨大的应用潜力。基于产品的数字化模型，实现了从产品的设计、加工、制造到检验全过程的动态模拟，而生产环境、制造设备、定位工装、加工工具和工作人员等虚拟模型的建模，为虚拟环境的搭建奠定了坚实的基础。虚拟制造的关键技术是对产品与制造过程的虚拟仿真。通过仿真，可以及时发现生产问题，及时进行生产优化，从而实现提高效率、节约成本的最终目的。

第四章　智能制造系统

第一节　智能制造系统概述

智能制造简称智造，源于人工智能的研究成果，是一种由智能机器和人类专家共同组成的人机一体化智能系统。该系统在制造过程中可以进行诸如分析、推理、判断、构思和决策等智能活动，同时基于人与智能机器的合作，扩大、延伸并部分地取代人类专家在制造过程中的脑力劳动。智能制造更新了自动化制造的概念，使其向柔性化、智能化和高度集成化扩展。

智能制造是自 20 世纪 80 年代以来由高度工业化国家首先提出的一种开发性技术。智能制造可以在受到限制的、没有经验知识的、不能预测的环境下，根据不完全的、不精确的信息来完成拟人的制造任务。

制造业是国民经济的支柱产业，是工业化和现代化的主导力量，是衡量一个国家或地区综合经济实力和国际竞争力的重要标志，也是国家安全的保障。当前，新一轮科技革命与产业变革风起云涌，以信息技术与制造业加速融合为主要特征的智能制造成为全球制造业发展的主要趋势。

智能制造的主线是智能生产，而智能工厂、车间又是智能生产的主要载体。随着新一代智能技术的应用，国内企业将要向自学习、自适应、自控制的新一代智能工厂进军。新一代智能技术和先进制造技术的融合，将使得生产线、车间、工厂发生革命性大变革，进而提升到历史性的新高度。这将从根本上提高制造业质量、效率和企业竞争力。

一、智能制造的定义

智能制造是在制造过程中，采用高度集成且柔性的方式，并利用计算机对人脑的分析、判断、思考和决策等行为进行模拟，以实现对制造环境中部分脑力劳动的延伸或取代。据此定义，智能制造系统由智能制造模式、智能生产和智能产品组成。其中，智能产品可在产品生产和使用中展现出自我感知、诊断、适应和决策等一系列智能特征，且其实现了产品的主动配合制造；智能生产是组成智能制造系统最为核心的内容，其是指产品设计、制造工艺和生产的智能化；智能制造通过将智能技术和管理方法引入制造车间，以优化生产资源配置、优化调度生产任务与物流、精细化管理生产过程和实现智慧决策。

加快推进智能制造，是实施"中国制造2025"的主攻方向，是落实工业化和信息化深度融合，打造制造强国的战略举措，更是我国制造业紧跟世界发展趋势，实现转型升级的关键。为解决标准缺失、滞后及交叉重复等问题，指导当前和未来一段时间内智能制造标准化工作，根据"中国制造2025"的战略部署，工业和信息化部、国家标准化管理委员会共同组织制定了《国家智能制造标准体系建设指南》。该指南重点研究了智能制造在两个领域的幅度与界定：一方面，是指基于装备的硬件智能制造，即智能制造技术；另一方面，是基于管理系统的软件智能制造管理系统，即智能制造系统。

新的智能制造研究背景，更多地强调大数据给智能制造带来的新的应用与智能制造本身的智能化，基于产品、系统和装备的统一智能化水平有机结合，最终形成基于数据应用的全过程价值链的智能化集成系统。

二、智能制造系统的典型特征

与传统的制造系统相比，智能制造系统具有如下特征：

（一）自组织能力

自组织能力是指智能制造系统中的各种智能设备，能够按照工作任务的要求，自行集结成一种最合适的结构，并按照最优的方式运行。完成任务后，该结构随即自行解散，以备在下一个任务中集结成最新的结构。

自组织能力是智能制造系统的一个重要的标志。

（二）自律能力

自律能力，即搜集与理解环境的信息，并进行分析判断和规划自身行为的能力。智能制造系统能根据周围环境和自身作业状况的信息进行监测和处理，并根据处理结果自行调整控制策略，以采用最佳行动方案。这种自律能力使整个制造系统具备抗干扰、自适应和容错的能力。

（三）学习能力和自我维护能力

IMS 能以原有的专家知识为基础，在实践中不断进行学习，完善系统知识库，并删除库中有误的知识，使知识库趋向最优。同时，还能对系统故障进行自我诊断、排除和修复。这种特征使智能制造系统能够自我优化，并适应各种复杂的环境。

（四）人机一体化

IMS 不是单纯的"人工智能"系统，而是人机一体化智能系统，是一种混合智能。基于人工智能的智能机器只能进行机械式的推理、预测、判断，它只能具有逻辑思维，最多做到形象思维，完全做不到灵感思维，只有人类专家才真正同时具备以上三种思维能力。人机一体化一方面突出人在制造系统中的核心地位；另一方面，在智能机器的配合下，更好地发挥人的潜能，使人机之间表现出一种平等共事、相互"理解"、相互协作的关系，使两者在不同的层次上各显其能、相辅相成。

因此，在智能制造系统中，高素质、高智能的人将发挥更好的作用，机器智能和人的智能将真正地集成在一起，相互配合，相得益彰。

三、智能制造系统的实现基础

（一）制造系统自动化

1. 制造自动化概述

制造自动化概念经历了一个动态的发展过程。人们对自动化的理解或者说对自动化功能的期待，只是以机械的动作代替人力操作。自动地完成特定动作。这实质是认为自动化就用机械代替人的体力劳动。后来，随着电子和信息技术的发展，特别是随着计算机的出现和广泛应用，自动化的含义扩展为：用机器不仅代替人的体力劳动，还代替或辅助了人的脑力劳动，以自动地完成特定的工作。

自动化制造系统是指在较少的人工直接或间接干预下，将原材料加工成零件或将零件组装成产品，在加工过程中实现管理过程和工艺过程自动化。

管理过程包括产品的优化设计、程序的编制及工艺的生成、设备的组织及协调、材料的计划与分配、环境的监控等。工艺过程包括工件的装卸、储存和输送；刀具的装配、调整、输送和更换；工件的切削加工、排屑、清洗和测量；切屑的输送、切削液的净化处理；等等。

2. 制造系统自动化的目的和举措

制造系统自动化的目的主要如下。

①加大质量成本的投入，提高或保证产品的质量；②提高对市场变化的响应速度和竞争能力，缩短产品上市时间；③减少人的劳动强度和劳动量，改善劳动条件，减少人为因素对生产的影响；④提高劳动效率；⑤减少生产面积及人员，节省能源消耗，降低生产成本。

制造系统自动化的举措：制造系统自动化大多体现在与计算机技术和信息技术的结合上，形成了计算机控制的制造系统，即计算机辅助制造系统。但系统规模、功能和结构要视具体需求而定，可以是一个联盟、一个工厂、一个车间、一个工段、一条生产线，甚至是一台设备。制造系统自动化可分为单一品种大批量生产自动化和多品种单件小批量生产自动化，由于两类生产的特点不同，所采用的自动化手段也各异。

单一品种大批量生产自动化。单一产品大批量生产时，可采用自动机床、专用机床、专用流水线、自动生产线等措施来实现。早在20世纪30年代初便在汽车制造业中逐渐发展，成为当时先进生产方式的主流，但其缺点是一旦产品变化，则不能适应，一些专用设备只能报废。而产品总是在不断更新换代的，生产者总希望能使生产设备有一定的柔性，能适应生产品种变化时的自动化要求。

多品种单件小批量生产自动化。在机械制造业中，大部分企业都是多品种单件小批量生产，多年来，实现多品种单件小批生产的自动化是一个难题。

由于计算机技术、数控技术、工业机器人和信息化技术的发展，使得多品种单件小批生产自动化的举措十分丰富，主要表现在以下方面。

①成组技术。可根据零件的相似性进行分类成组，编制成组工艺，设计成组夹具和成组生产线。

②数控技术和数控机床。现代数控机床已向多坐标、多工种、多面体加工和可重组等方向发展，数控系统也向开放式、分布式、适应控制、多级递阶控制、网络化和集成化等方向发展。因此数控加工不仅可用于单件小批量生产自动化，也可用于单一产品大批量生产的自动化。

③制造单元。将设备按不同功能布局，形成各种自动化的制造单元，如装配、加工、传输、检测、储存、控制等，各种零件按其工艺过程在相应制造单元上加工生产。

④柔性制造系统。它是针对刚性自动生产线而提出的，全线由数控机床和加工中心组成。其无固定的加工顺序和节拍，能同时自动加工不同工件，具有高度的柔性，体现了生产线的柔性自动化。

⑤计算机集成制造系统。它由网络、数据库、计算机辅助设计、计算机辅助制造和管理信息系统组成，强调了功能集成、信息集成，是产品设计和加工的全盘自动化系统。

3. 计算机辅助制造系统的概念

计算机辅助制造系统是一个计算机分级结构控制和管理制造过程中多方面工作的系统，也是制造系统自动化的具体体现，是制造技术与信息技术相结合的产物。

4. 制造单元和生产单元

现代制造业多采用制造单元的结构形式。各制造单元在结构和功能上有并行性、独立性和灵活性，通过信息流来协调各制造单元间协调工作的整体效益，从而改变了制造企业传统生产的线性结构。制造单元是制造系统的基础，制造系统是制造单元的集成，强调各单元独立运行、并行决策、综合功能、分布控制、快速响应和适应调整。制造单元的这种结构使生产具有柔性，易于解决多品种单件小批量生产的自动化。

现代制造业的发展对机械产品的生产提出了生产系统的概念，强调生产是一项系统工程，认为企业的功能应依次为销售→设计→工艺设计→加工→装配。把销售放在第一位，这对企业的经营是一个很大的变化，其强调了商品经济意识。从功能结构上看，加工系统是生产系统的一部分，可以认为加工系统是一个生产单元，今后的生产单元是一个闭环自律式系统。

（二）制造系统信息化

1. 信息化制造的定义

信息是指应用文字、数据或信号等形式通过一定的传递和处理，来表现各种相互联系的客观事物在运动变化中所具有的特征性内容的总称。

信息技术是人类开发和利用信息资源的所有手段的总和。信息技术既包括有关信息的产生、收集、表示、检测、处理和存储等方面的技术，也包括有关信息的传递、变换、显示、识别、提取、控制和利用等方面的技术。

信息化是指加工信息高科技发展及其产业化。其提高了信息技术在经济和社会各领域的推广应用水平，并推动了经济和社会发展前进的过程。信息化的内容包括信息生产和信息应用两大方面。信息化的实施包括产品信息化、企业信息化、行业信息化、国民经济信息化和社会信息化五个层次。企业信息化是国民经济信息化的基础。实现工业化仍然是我国现代化进程中艰巨的历史任务，信息化是加快实现工业化和现代化的必然选择。我国企业信息化的战略是"以信息化带动工业化，以工业化促进信息化"。

信息化制造也称为制造业信息化，是企业信息化的主要内容。那么，什么是信息化制造呢？信息化制造是指在制造企业的生产、经营、管理的各个关节和产品生命周期的全过程，应用先进的计算机、通信、互联网和软件信息技术和产品，并充分整合，广泛利用企业内外信息资源，提高企业生产、经营和管理水平，增强企业竞争力的过程。

通俗来说，信息化制造就是用0和1的数字编码来表示、处理和传输制造企业生产经营的一切信息。企业生产经营的信息，不仅能够用0和1这两个数字编码来表示和处理，而且能够以光的速度在光纤中传送，使企业生产经营的信息流实现数字化。信息化制造的目的是把信息变成知识，将知识变成决策，把决策变成利润，从而使制造业的生产经营能够快速响应市场需求，达到前所未有的高效益。

2. 信息化制造的内容与任务

（1）信息化制造的内容

信息化制造的内容可以分为四个方面：生产作业层的信息化、管理办公层的信息化、战略决策层的信息化、协作商务层的信息化。协作商务层是基于企业与外部联系而言，而前三者则是基于企业内部而言。

①生产作业层的信息化。其包括设计、研发的信息化，如计算机辅助设计/制造/工艺设计等；生产的信息化，如制造执行系统、柔性制造系统和快速成型制造等；作业监控的信息化，如计算机辅助测试/检验/质量控制等。

②管理办公层的信息化。其包括根据企业量身定做的管理信息系统；通用程度很高的企业全面管理软件，如制造资源计划或企业资源计划；还包括办公自动化、工作流系统等。

③战略决策层的信息化。其包括决策支持系统、战略信息系统经理或主管信息系统、专家系统等。

这三个层次必须统一规划、统一设计、统一标准和统一接口，实现企业物料流、资金流和信息流的统一。

（2）信息化制造的任务

信息化制造是一项长期的、综合的系统工程。它的建设任务包括三个方面：

①硬件方面。其包括因特网的联通，企业内部网和企业外联网的构建，科研、生产、营销办公等各种应用软件系统的集成或开发，企业内外部信息资源的挖掘与综合利用，信息中心的组建以及信息技术开发与管理人才的培养。

②软件方面。其包括相关的标准规范问题以及安全保密问题的研究与解决，信息系统的使用与操作以及数据的录入与更新的制度化，全体员工信息化意识的教育与信息化技能的培训，与信息化相适应的管理机制、经营模式和业务流程的调整或改革。

③应用系统方面。其具体内容包括网络平台、信息资源、应用软件建设3大部分。企业信息化在应用层应有的主要系统包括技术信息系统、管理信息系统、办公自动化系统、企业网络系统及企业电子商务系统等。这些应用软件系统必须有相应的企业综合信息资源系统的支持，还要有相应的数据维护管理系统。所有系统要建立在计算机网络平台之上，并要配有网络资源管理系统和信息安全监控系统。

从企业经营学的角度看，企业产品的销售、企业技术开发能力、企业文化和企业抵御风险能力是企业经营中四个最主要的因素。当前涌现出大量的企业网站，利用网站发布企业信息、产品信息等，使这些信息可以快捷地传递到各个角落，达到宣传和销售产品的效果。已有一些企业在信息化初步实践中得到了好处，也开始尝试使用搜索引擎、企业邮箱、信息化模块化产品、客户关系管理系统等信息化技术。

3. 信息化制造的特点与技术

（1）信息化制造的基本特点

信息化制造涉及制造系统的方方面面，从硬件到软件、从技术到管理、从企业到全社会的组织与个人、从局部资源到全球资源等。其显著特点是：制造信息的数字化与无纸化，制造设备的柔性化与智能化，制造组织的全球化与敏捷化，制造过程的并行化与协同化，制造资源的分布性与共享性。

制造信息的数字化已显现了无纸化制造的迹象。这主要表现在如下三个方面：

①产品设计数字化。传统制造业的工程图样式制造数据，被称为工程师的语言。计算机在产品设计中的应用促使工程图样向产品定义数据发展。产品设计正经历着人工绘图→计算机绘图→计算机支持设计→无纸设计的变化。

②生产过程数控化。传统制造业的加工、成型、装配、测量等生产过程是由手工来控制的，计算机在制造过程中的应用实现了数字指令的控制，产生了"无纸"生产的变化。

③企业管理网络化。制造企业中的各种信息，通过网络在企业内传递，可以实现工作流与过程管理，进行审核会签批准等。一些企业现在已提倡"无纸化办公"。这种办公方式加速了信息流在企业内外的流动，也规范了管理。

总之，图样和纸质文件在未来的产品设计、生产过程和企业管理中将会逐渐隐退。

（2）信息化制造的主要技术

信息化制造的主要技术是先进制造技术的核心。信息化制造技术主要由以下3部分组成：上游的计算机辅助设计/制造、制造仿真和虚拟制造，下游的计算机辅助数字控制加工、装配、检验，管理层面的计算机辅助管理和动态联盟企业的建立。

信息化制造的核心是管理方式的完善和提高，信息技术是其实现的主要工具。但是企业不能为技术而技术，成为技术的奴隶，而是要将技术作为提升企业竞争力的手段，驾驭技术，成为技术的主人。

4. 信息化制造的作用

制造业开展信息化有如下实际作用。

（1）有利于企业适应国际化竞争。我国加入 WTO 以后，企业更直接地面对国际竞争和挑战，在全球知识经济和信息化高速发展的今天，信息化是决定企业成败的关键因素，也是企业实现跨地区、跨行业、跨所有制，特别是跨国经营的重要前提。

（2）实现企业快速发展的前提条件。信息化可以实现企业自身的快速发展。虽然各个企业的规模、所处的行业生态环境和发展阶段目标不尽相同，但每个企业终究有存在的社会价值和自我价值。企业存在的目标就是追求利润最大化，它们都渴望自身快速发展。利用信息化得到行业信息、竞争对手信息、产品信息、技术信息、销售信息等，同时及时分析这些信息，做出积极的市场反应，达到企业迅速发展的效果。

（3）有助于实现传统经营方式的转变。传统的加工业离不开生产和销售，传统的零售业也离不开供、销、存。但是在信息化发展的今天，这些关键环节都可以借助信息化去实现，信息化也可以派生新的销售手段。国内越来越多的企业也逐步开展网上经营的方式，在传统经营的基础上开辟了一种企业营销新模式。

（4）可以节约营运成本。信息化使传统经营方式发生了转变，有利于加速资金流在企业内部和企业间的流动，实现资金的快速、重复、有效的利用。

（5）可以提高工作效率。信息化使企业内部管理结构更趋于扁平化。信息化使信息资源得到共享，给企业决策层与基层，各部门之间的迅速沟通创造了条件。上级管理者可随时跟踪、监控下级的工作状况，管理更加直接。信息化拉近管理层与各基层之间的和谐关系，有助于改变企业内部的低效体制，提高了工作效率。

（6）可以提高企业的顾客满意度。信息化缩短了企业的服务时间，并可及时地获取客户需求，实现按订单生产，促使企业全部生产经营活动的运营自动化、管理网络化和决策智能化。

（三）智能化运行分析与决策

智能车间在运行分析与决策方面，主要体现在实现面向生产制造过程的监视和控制。其涉及现场设备，按照不同功能分为以下两种功能：①监视，包括可视化的数据采集与监控系统、人机接口、实时数据库服务器等，这些系统统称为监视系统；②控制，包括各种可编程的控制设备，如可编程逻辑控制器（Programmable Logic Controller，PLC）、分布式控制系统（Ditributed Control System，DCS）、工业计算机（Industrial Personal Computer，IPC）、其他专用控制器等，这些设备统称为控制设备。

（四）制造业智能化的目标

对于制造业而言，企业所期待车间的目标主要为提质增效，即提升质量，提高效率。在提升质量方面，一般关注产品质量提高、产品检验设备能力提高、安全生产能力提高、生产设备能力提高和车间信息化建设提高；在提高效率方面，一般关注生产管理能力提高、客户需求导向的及时交付能力提高、车间物流能力提高和车间能源管理能力提高。最终实现产品生产整体水平的提升。

而智能车间的引入，对生产、仓库的检验、入库、出库、调拨、移库移位、库存盘点等各个作业环节的数据进行自动化的无线数据采集、无线数据更新，保证仓库管理各个环节数据输入的快速性和准确性，确保企业及时、准确地掌握库存的真实数据，合理保持和控制企业库存，在产品生产在提质增效这两方面均有体现。

（五）工业 4.0

工业 4.0 究竟是什么？工业 1.0 主要是机器制造、机械化生产，工业 2.0 是流水线、批量生产、标准化，工业 3.0 是高度自动化、无人化（少人化）生产，而工业 4.0 是网络化生产、虚实融合。关于工业 4.0，即在一个"智能、网络化的世界"里，物联网和服务网将渗透到所有的关键领域。智能电网将能源供应领域、可持续移动通信战略领域（智能移动、智能物流），以及医疗智能健康领域融合。在整个制造领域中，信息化、自动化和数字化贯穿整个产品生命周期。端到端工程、横向集成（协调各部门间的关系），成为工业化第四阶段的引领者，也即"工业4.0"。工业4.0想要打造的是整个产品生产链的实时监控，产品配套服务设施之间的合作。

工业4.0计划的核心内容可以用"一个网络、两大主题、三大集成"来概括。其中，一个网络指的便是信息物理融合系统，工业4.0强调通过信息网络与物理生产系统的融合，即建设信息物理系统来改变当前的工业生产与服务模式。具体是指将信息物理系统技术一体化应用于制造业和物流行业，以及在工业生产过程中使用物联网和服务技术，实现虚拟网络世界与实体物理系统的融合，完成制造业在数据分析基础上的转型①。通过"6C"技术［Connection（连接）、Cloud（云储存）、Cyber（虚拟网络）、Content（内容）、Community（社群）、Customization（定制化）］将资源、信息、物体与人员紧密联系在一起，从而创造物联网及相关服务，并将生产工厂转变为一个智能环境②。

两大主题指的是智能工厂和智能生产。智能工厂由分散的、智能化生产设备组成，在实现了数据交互之后，这些设备能够形成高度智能化的有机体，实现网络化、分布式生产。智能生产将人机互动、智能物流管理、3D打印与增材制造等先进技术应用于整个工业生产过程。智能工厂与智能生产过程使人、机器和资源如同在一个社交网络里一般自然地相互沟通协作；智能产品能理解它们被制造的细节以及将被如何使用，协助生产过程。最终通过智能工厂与智能移动、智能物流和智能系统网络相对接，构成工业4.0中的未来智能基础设施。

工业4.0计划的三大集成包括横向集成、端到端集成和纵向集成。①横向集成。工业4.0通过价值网络实现横向集成，将各种使用不同制造阶段和商业计划的信息技术系统集成在一起，既包括一个公司内部的材料、能源和信息，也包括不同公司间的配置。最终通过横向集成开发出公司间交互的价值链网络。②端到端集成。贯穿整个价值链的端到端工程数字化集成，在所有终端实现数字化的前提下实现的基于价值链与不同公司之间的一种整合，将在最大限度上实现个性化定制。最终针对覆盖产品及其相联系的制造系统完整价值链，实现数字化端到端工程。③纵向集成。垂直集成和网络化制造系统，将处于不同层级（例如执行器

---

①张洁,秦威,鲍劲松.制造业大数据[M].上海:上海科学技术出版社,2016.
②朱扬勇.大数据资源[M].上海:上海科学技术出版社,2018.

和传感器、控制、生产管理、制造和企业规划执行等不同层面）的 IT 系统进行集成。最终，在企业内部开发、实施和纵向集成灵活而又可重构的制造系统。

工业 4.0 计划优先在以下八个重点领域执行：建立标准化和开放标准的参考架构、实现复杂系统管理、为工业提供全面带宽的基础设施、建立安保措施、实现数字化工业时代工作的组织和设计、实现培训和持续的职业发展、建立规章制度、提高资源效率。其中，首要目标是"标准化"。

PLC 编程语言的国际标准 IEC61131-3（PLCopen）主要来自德国企业，通信领域普及的 CAN、Profibus 及 EtherCAT 也全都诞生于德国。德国工业 4.0 的本质是基于"信息物理系统"实现"智能工厂"。工业 4.0 核心是动态配置的生产方式。工业 4.0 报告中描述的动态配置的生产方式主要是指从事作业的机器人（工作站）能够通过网络实时访问所有相关信息，并根据信息内容，自主切换生产方式以及更换生产材料，从而调整为最匹配模式的生产作业。

（六）工业互联网

工业互联网的核心内容，即发挥数据采集、互联网、大数据、云计算的作用，节约工业生产成本，提升制造水平。工业互联网将为基于互联网的工业应用，打造一个稳定可靠、安全、实时、高效的全球工业互联网络。

通过工业互联网，将智能化的机器与机器连接互通起来，将智能化的机器与人类互通起来，更深层次的可以做到智能化分析，从而能帮助人们和设备做出更智慧的决策。这就是工业互联网给客户带来的核心利益。

"工业互联网"主要包括三种关键因素：智能机器、高级分析和工作人员。①智能机器是现实世界中的机器、设备、设施和系统及网络通过先进的传感器、控制器和软件应用程序以崭新的方式连接起来形成的集成系统；②高级分析是使用基于物理的分析性、预测算法、关键学科的深厚专业知识来理解机器和大型系统运作方式的一种方法；③建立各种工作场所的人员之间的实时连接，能够为更加智能的设计、操作、维护以及高质量的服务提供支持和安全保障。

第二节　智能制造系统体系架构及调度控制

一、智能制造系统体系架构

（一）IMS 的总体架构

目前，国内制造业自主创新能力薄弱、智能制造基础理论和技术体系建设滞后、高端制造装备对外依存度还较高、关键智能控制技术及核心基础部件主要依赖进口，智能制造标准规范体系尚不完善。智能制造顶层参考框架还不成熟，完整的智能制造顶层参考框架尚没有建立，智能制造框架逐层逻辑递进关系尚不清晰。

《国家智能制造标准体系建设指南》（2021 年版）在 2018 年版的基础上进行了更新和完善，以适应智能制造领域的快速发展和技术创新。在最新的指南中，智能制造系统架构依然围绕生命周期、系统层级和智能功能三个维度进行构建，但对每个维度的具体内容和层次进行了进一步的细化和优化。

生命周期维度：继续强调设计、生产、物流、销售、服务等环节的紧密联系和协同，以实现产品从概念到市场的全生命周期管理。这一维度更加注重跨环节的集成和优化，以提升整个价值链的效率和响应速度。

系统层级维度：在原有的协同层、企业层、车间层、单元层和设备层的基础上，进一步明确了各层级的功能和职责。例如，协同层更加注重产业链上下游的协同和优化；企业层则侧重于企业内部资源的整合和管理；车间层和单元层则更专注于生产过程的执行和管理；设备层则关注于设备的智能化和自动化。

智能功能维度：资源要素、系统集成、网络互联、信息融合和新兴业态五个层次得到了进一步的强化。资源要素层次更加注重对各类生产资源的智能管理和优化配置；系统集成层次则关注不同系统和设备之间的协同工作；网络互联层次确保了数据和信息在各个层级间的流畅传输；信息融合层次通过数据分析和处理，实现信息的深度挖掘和应用；新兴业态层次则代表了智能制造在不断演进中产生的新业务模式和市场机会。

　　智能制造系统层级架构：在管理层（含企业资源计划与产品全寿命周期管理）、制造执行层、网络层、感知层及现场设备层的基础上，进一步细化了各层的功能和接口，以实现更高效的信息流通和资源配置。管理层更加注重决策支持和资源优化；制造执行层则侧重于生产过程的实时监控和控制；网络层和感知层则确保了数据的实时采集和传输；现场设备层则关注于设备的智能化和自动化。

　　通过这些更新，2021年版的《国家智能制造标准体系建设指南》为智能制造的发展提供了更加全面和深入的指导，有助于推动制造业的数字化、网络化和智能化转型。

　　系统层级的体系结构及各层的具体内容简要描述如下：

　　（1）协同层。协同层的主要内容包括智能管理与服务、智能电商、企业门户、销售管理及供应商选择与评价、决策投资等。其中，智能管理与服务是利用信息物理系统（Cyber Physical System，CPS），全面地监管产品的状态及产品维护，以保证客户对产品的正常使用，通过产品运行数据的收集、汇总、分析，改进产品的设计和制造。而智能电商是根据客户订单的内容分析客户的偏好，了解客户的习惯，并根据订单的商品信息及时补充商品的库存，预测商品的市场供应趋势，调控商品的营销策略，开发新的与销售商品有关联的产品，以便开拓新的市场空间，该层将客户订购（含规模化定制与个性化定制）的产品通过智能电商与客户及各协作企业交互沟通后，将商务合同信息、产品技术要求及问题反馈给管理层的ERP系统处理。

　　（2）管理层。智能制造系统的管理层，位于总体架构的第二层，其主要功能是实现智能制造系统资源的优化管理，该层分为智能经营、智能设计与智能决策三部分，其中，智能经营主要包括企业资源计划（ERP）、供应链管理（SCM）、客户关系管理（CRM）及人力资源管理等系统；智能设计则包括CAD/CAPP/CAM/CAE/PDM等工程设计系统、产品生命周期管理（PLM）、产品设计知识库、工艺知识库等；智能决策则包括商业智能、绩效管理、其他知识库及专家决策系统，它利用云计算、大数据等新一代信息技术能够实现制造数据的分析及决策，并不断优化制造过程，实现感知、执行、决策、反馈的闭环。为了实现产品的全生命周期管理，本层PLM必须与SCM系统、CRM系统及ERP系统进行集成与融合，SCM 系统、CRM 系统及 ERP 系统在统一的 PLM 管理平台下协同运作，实现产品设计、生产、物流、销售、服务与管理过程的动态智能集成与优化，打造制造业价值链。该层的 ERP 系统将客户订购定制的产品信息交由 CAD/CAE/CAPP/CAM/PDM 系统、财务与成本控制系统、供应链管理（SCM）系统和客户关系管理（CRM）系统进行产品研发、成本控制、物料供给的协同与配合，并维护与各合作企业、供应商及客户的关系；产品研发制造工艺信息、物料清单（BOM）、加工工艺、车间作业计划交由底层的制造执行系统（MES）执行。此外，该层获取下层制造执行层的制造信息进行绩效管理，同时将高层的计划传递给下层进行计划分解与执行。

（3）制造执行层。负责监控制造过程的信息，并进行数据采集，将其反馈给上层 ERP 系统，经过大数据分析系统的数据清洗、抽取、挖掘、分析、评估、预测和优化后，将优化后的指令或信息发送至设备层精准执行，从而实现 ERP 与其他系统层级的信息集成与融合。

（4）网络层。该层首先是一个设备之间互联的物联网。由于现场设备层及感知层设备众多，通信协议也较多，有无线通信标准（WIA-FA）、RFID 的无线通信技术协议 ZigBee，针对机器人制造的 ROBBUS 标准及 CAN 总线等，目前，单一设备与上层的主机之间的通信问题已得到解决，而设备之间的互联问题和互操作性问题尚没有得到根本解决。工业无线传感器 WIA-FA 网络技术，可实现智能制造过程中生产线的协同和重组，为各产业实现智能制造转型提供理论和装备支撑。

（5）感知层。该层主要由 RFID 读写器，条码扫描枪，各类速度、压力、位移传感器，测控仪等智能感知设备构成，用来识别及采集现场设备层的信息，并将设备层接入上层的网络层。

（6）现场设备层。该层由多个制造车间或制造场景的智能设备构成，如 AGV 小车、智能搬运机器人、货架、缓存站、堆垛机器人、智能制造设备等，这些设备提供标准的对外读写接口，将设备自身的状态通过感知层设备传递至网络层，也可以将上层的指令通过感知层传递至设备进行操作控制。

智能制造系统中架构分层的优点如下。

第一，智能制造系统是一个十分复杂的计算机系统，采取分层策略能将复杂的系统分解为小而简单的分系统，便于系统的实现。

第二，随着业务的发展及新功能集成进来，便于在各个层次上进行水平扩展，以减少整体修改的成本。

第三，各层之间应尽量保持独立，减少各个分系统之间的依赖，系统层与层之间可采用接口进行隔离，达到高内聚、低耦合的设计目的。

第四，各个分系统独立设计，还可以提高各个分系统的重用性及安全性。

在 IMS 的个层次中，智能制造系统之间存在信息传递关系，以智能经营为主线，将智能设计、智能决策及制造执行层集成起来，最终实现协同层的客户需求及企业的生产目标。企业资源计划 ERP 是 IMS 的中心，属于智能经营范畴，处于制造企业的高层。ERP 是在制造资源计划（Manufacturing Resource Planning, MRP）的基础上发展起来的。其目的是为制造业企业提供销售、生产、采购、财务及售后服务的整个供应链上的物流、信息流、资金流、业务流的科学管理模式。

ERP 系统的主要功能包括销售管理、采购管理、库存管理、制造标准、主生产计划（Master Production Schedule, MPS）、物料需求计划（Material Requirement Planning, MRP）、能力需求计划（Capacity Requirement Planning, CRP）、车间管理、准时生产管理（Just In Time, JIT）、质量管理、财务管理、成本管理、固定资产管理、人力资源管理、分销资源管理、设备管理、工作流管理及系统管理等，其核心是 MRP。

在 IMS 中 ERP 与时俱进，不断适应知识经济的新的管理模式和管理方法，如敏捷制造、虚拟制造、精益生产、网络化协同制造、云制造及智能制造等不断融入 ERP 系统。以 ERP 为核心衍生出的供应链管理、客户关系管理、制造执行系统也较好补充了新的需求，互联网、物联网、移动应用、大数据技术等在 ERP 系统中不断加强。如今企业内部应用系统 ERP 与知识管理（Knowledge Management, KM）、办公自动化（Office Automation, OA）日益交互，已经成为密不可分的一个集成系统。产品数据管理（Product Data Management, PDM）、先进制造技术（Advanced Manufacturing Technology, AMT）与 ERP 的数据通信及集成度也不断加强。供应链、CRM、企业信息门户（Enterprise Information Portal, EIP）等处于内部信息与外部互联网应用的结合处，使得面向互联网应用，如电子商务、协同商务与企业信息化日益集成构建了全面信息集成体系（Enterprise Application Integration，EAI），这些变化形成了 ERP Ⅱ 系统。

（二）IMS 涉及的若干关键技术

1. 无线射频技术（RFID）

近年来，趋于成熟的 RFID 技术是一种非接触式自动识别技术。它通过无线射频信号自动识别制造车间中的移动对象，如物料、运输小车、机器人等。RFID 从其读取方式、读取范围、信息储量及工作环境等方面，可取代传统的条码技术。RFID 可实现动态快速、高效、安全的信息识别和存储，其在制造业中应用较广泛。

RFID 射频卡具有体积小、非接触式、可重复使用、复制仿造困难、安全性高、适应恶劣环境、多标签同时识别读写、距离远、速度快等优点。一个基本的RFID 系统由射频卡（标签）、射频阅读器、射频天线及计算机通信设备等组成。其中，射频卡是一种含有全球唯一标识的标签，标签内含有无线天线和专用芯片。按供电方式分为有源标签及无源标签；按载波频率分为低频、中频及高频，其中，低频主要适合于车辆管理等，中频主要应用于物流、智能货架等，而高频应用于供应链、生产线自动化、物料管理等；按标签数据读写性可分为只读卡及读写卡。射频阅读器也称读卡器，通过 RS232 等总线与通信模块相连。其功能是提供与标签进行数据传输的接口，对射频卡进行读写操作，通过射频天线完成与射频卡的双向通信；在射频卡及阅读器中都存在射频天线，两种天线必须相互匹配。天线的性能与频率、结构及使用环境密切相关。通信设备一般采用 ZigBee无线通信协议，以满足低成本、低功耗无线通信网络需求。ZigBee 模块有主副之分，一个主模块可与一个或多个副模块自动构建无线网络，其中，主模块可与计算机相连，来实现主从模块间点对多点的无线数据传输。

RFID 系统的工作原理是阅读器通过发射天线发送一定频率的射频信号，当附有射频卡的物料进入发射天线工作区域时产生感应电流激活射频卡，射频卡将自身编码等信息的载波信号通过卡的内置发送天线发出，由系统接收天线接收，经天线调节器传送到阅读器，阅读器对接收的信号进行解调和解码，通过无线通信副模块传至通信主模块所在的 RFID 控制器进行相关处理；控制器根据逻辑运算判断该卡的合法性，做出相应的处理和控制，完成系统规定的功能。根据 RFID 的原理及特点，将 RFID 读写器放置在智能制造系统的感知层，而将电子标签放置在现场设备层，将 RFID 控制器放置在高层的制造执行层；高层的控制器与底层的感知层通过网络层的 ZigBee 模块进行网络通信，完成对现场相应设备的控制。当然，现场设备层还配置较多的各类传感器，连同 RFID 及无线通信网络，共同完成物理制造资源的互联、互感，确保制造过程多源信息的实时、精确和可靠的获取。

2. 智能机床

智能机床是对制造过程能够做出决策的机床。它通过各类传感器实时监测制造的整个过程，在知识库和专家系统的支持下，进行分析和决策，控制、修正在生产过程中出现的各类偏差。数控系统具有辅助编程、通信、人机对话、模拟刀具轨迹等功能。未来的智能机床会成为工业互联网上的一个终端，具有与信息物理系统 CPS 联网的功能。对机床故障能进行远程诊断，能为生产提供最优化方案，并能实时计算出所用切削刀具、主轴、轴承和导轨的剩余寿命。

智能机床一般具有如下特征：

（1）人机一体化特征。智能机床首先是人机一体化系统，它将人、计算机、机床有机地结合在一起。机器智能与人的智能将真正地集成在一起，互相融合，保证机床高效、优质和低耗运行。

（2）感知能力。智能机床与数控机床的主要区别在于智能机床具有各种感知能力，通过力、温度、振动、声、能量、液、工件尺寸、机床部件位移、身份识别等传感器采集信息，作为分析、决策及控制的依据。

（3）知识库和专家系统。为了智能决策和控制，除了有关数控编程的知识库、智能化数控加工系统及专家系统外，还要建立故障知识库和分析专家系统、误差智能补偿专家系统、3D 防碰撞控制算法、在线质量检测与控制算法、工艺参数决策知识、加工过程数控代码自动调整算法、振动检测与控制算法、刀具智能检测与使用算法以及加工过程能效监测与节能运行等。

（4）智能执行能力。在智能感知、知识库和专家系统支持下进行智能决策。决策指令通过控制模块确定合适的控制方法，产生控制信息，通过 NC 控制器作用于加工过程，以达到最优控制，实现规定的加工任务。

（5）具有接入 CPS 的能力。智能机床要具备接入工业互联网的能力，实现物物互联。在 CPS 环境下实现机床的远程监测、故障诊断、自修复、智能维修维护、机床运行状态的评估等。同时，具有和其他机床、物流系统组成柔性制造系统的能力。

3. 智能机器人

（1）智能机器人定义

智能机器人是智能产品的典型代表。智能机器人至少要具备以下三个要素：一是感觉要素，用来认识周围环境状态；二是运动要素，对外界做出反应性动作；三是思考要素，根据感觉要素所得到的信息，思考采用什么样的动作。

智能机器人与工业机器人的根本区别在于，智能机器人具有感知功能与识别、判断及规划功能。工业智能机器人最显著的智能特征是对内和对外的感知能力。外部环境智能感知系统由一系列外部传感器（包括视觉、听觉、触觉、接近觉、力觉和红外、超声及激光等）进行传感信息处理、实现控制与操作的能力。例如，碰撞传感器、远红外传感器、光敏传感器、麦克风、光电编码器、超声传感器、连线测距红外传感器、温度传感器等。而内部智能感知系统主要是用来检测机器人本身状态的传感器，包括实时监测机器人各运动部件的各个坐标位置、速度、加速度、压力和轨迹等，监测各个部件的受力、平衡、温度等。多种类型的传感器获取的传感信息必须进行综合、融合处理，即传感器融合。传感器的融合技术涉及神经网络、知识工程、模糊理论等信息检测、控制领域的新理论和新方法。

（2）专家系统与智能机器人

智能控制系统的任务是根据机器人的作业指令程序及从外部、内部传感器反馈的信号，经过知识库和专家系统去辨识，应用不同的算法，发出控制指令，支配机器人的执行机构去完成规定的运动和决策。

如何分析处理这些信息并做出正确的控制决策，需要专家系统的支持。专家系统解释从传感器采集的数据，推导出机器人状态描述，从给定的状态推导并预测可能出现的结果，通过运行状态的评价，诊断出系统可能出现的故障。按照系统设计的目标和约束条件，规划设计出一系列的行动，监视所得的结果与计划的差异，提出解决系统正确运行问题的方法。

（3）智能机器人的学习能力

智能制造系统对机器人要求较高，机器人要能在动态多变的复杂环境中，完成复杂的任务，其学习能力显得极为重要。通过学习不断地调节自身，在与环境交互过程中抽取有用的信息，使之逐渐认识和适应环境。通过学习可以不断提高机器人的智能水平，使其能够应对复杂多变的环境。因此，学习能力是机器人系统中应该具备的重要能力之一。

（4）接入工业互联网的能力

智能机器人在未来都要成为工业互联网的一个终端，因此，智能机器人要具有接入工业互联网的能力。通过接入互联网，实现机器人之间，机器人与物流系统、其他应用系统之间的集成，实现物理世界与信息世界之间的集成。智能机器人处于智能制造系统架构生命周期的生产环节、系统层级的现场设备层级和制造执行层级，同时属于智能功能的资源要素中。

4. 常用的网络通信协议

在智能制造系统环境中，工业互联网不可缺少，智能功能的网络互联几乎应用于系统层级的各个层次中。它通过有线、无线等通信技术，实现设备之间、设备与控制系统之间、企业之间的互联互通。在网络层中，设备与设备的通信存在两类协议。第一类协议是接入协议（也称传输协议），负责子网内设备间的组网及通信，这类协议包括 ZigBee、Wi-Fi、蓝牙；第二类协议是通信协议，负责通过传统互联网与服务器、APP 或设备进行交换数据，包括 HTTP、MQTT、WebSocket、XMPP、COAP。下面对八种协议进行介绍。

（1）ZigBee 协议

ZigBee 协议通常用于工控设备，广泛应用于车间、仓库、物流及智能家居环境中，如网关与检测传感器通信使用的就是 ZigBee 协议。它具有如下特点：①开发成本低、协议简单；②ZigBee 协议传输速率低，节点所需的发射功率小，且采用休眠与唤醒模式，功耗较低；③通过 ZigBee 协议自带的 mesh 功能，一个子网络内可以支持多达 65 000 个节点连接，可以快速实现一个大规模的传感网络，具有强大的自组网能力；④ZigBee 协议使用 CRC 校验数据包的完整性，支持鉴权和认证，并且采用 AES 对 16 字节的传输数据进行加密，具有较好的安全性。因此，ZigBee 适用于设备的管理监控，并实时获取传感器数据。

（2）蓝牙技术

蓝牙技术目前已经成为智能手机的标配通信组件，其迅速发展的原因是其具有低功耗特性。蓝牙4.0方案已经成为移动智能设备的标配，用户无须另行购买额外的接入模块即可实现移动智能设备与其他智能设备的互联。

（3）Wi-Fi

Wi-Fi协议和蓝牙协议一样，发展同样迅速。Wi-Fi协议最大的优势是可以直接接入互联网。相对ZigBee，采用Wi-Fi协议的智能通信方案省去了额外的网关。相对蓝牙协议，则省去了对手机等移动终端的依赖。

（4）HTTP和WebSocket协议

在互联网时代，主要采用TCP/IP协议实现底层通信，而HTTP协议由于开发成本低，开放程度高，使用广泛，因此在建立物联网系统时可参照HTTP协议进行开发。

HTTP协议是典型的浏览器/服务器（Browse/Server）通信模式，由客户端主动发起连接，向服务器请求XML或JSON格式的数据。该协议目前在计算机、手机、平板电脑等终端设备广泛应用，但并不适用于物联网场景。其主要缺点如下。

①由于必须由设备主动向服务器发送数据，而服务器却难以主动向设备推送数据。这对于单一的数据采集等场景勉强适用，但是对于频繁的操控场景，只能通过设备定期主动拉取的方式进行数据推送，其实现成本高，且实时性难以保证。

②由于HTTP是明文协议，难以适应高安全性的物联网场景要求。

③不同于用户交互终端如计算机、手机等设备，物联网场景由于设备多样化，对于运算和存储资源都十分受限的设备，HTTP协议实现资源解析、信息处理比较困难。因此，可以使用WebSocket协议来替代HTTP协议。WebSocket是HTML5包含的基于TCP之上的可支持全双工通信的协议标准，在设计上基本遵循HTTP的思路，对于基于HTTP协议的物联网系统是一个很好补充。

（5）XMPP协议

XMPP是互联网中基于XML的常用的即时通信协议，由于其开放性和易用性，在互联网实时通信应用中运用较多。现已大量运用于物联网系统架构中，但是 HTTP 协议中的安全性以及计算资源消耗的硬伤并没有得到本质的解决。

（6）COAP 协议

COAP 协议的设计目标是在低功耗、低速率的设备上实现物联网通信。COAP 与 HTTP 协议一样，参考 HTTP 协议的格式，采用 URL 标识发送需要的数据，易于理解。它具有以下优点：①采用 UDP 而不是 TCP 协议，可节省 TCP 建立所需要的连接成本及开销；②将数据包头部进行二进制压缩，从而减小数据量以适应低速网络传输的场合；③发送和接收数据可以异步进行，提升了设备响应的速度。由于 COAP 协议设计保留了 HTTP 协议的功能，使得学习成本低。但是考虑到物联网众多的智能设备分布在局域网内部，COAP 设备作为服务器无法被外部设备寻址，因此，目前 COAP 只用于局域网内部通信。

（7）MQTT 协议

MQTT 协议能较好地解决 COAP 存在的问题。

MQTT 协议是由 IBM 开发的即时通信协议，比较适合物联网场合。MQTT 协议采用发布/订阅模式，所有的物联网终端都可以通过 TCP 连接到云端，云端再通过主题订阅的方式管理各个设备关注的通信内容，负责将设备之间消息进行转发。

MQTT 在协议设计时就考虑到不同设备的计算性能的差异，所有的协议都是采用二进制格式编解码，并且编解码格式都易于开发和实现。最小的数据包只有两个字节，对于低功耗低速网络也有很好的适应性。MQTT 协议运行在 TCP 协议之上，同时支持 TLS 协议，具有较好的安全性。

（8）DDS 协议

DDS 是面向实时系统的数据分布服务（Data Distribution Service for Real Time Systems，DDSRTS），其适用范围是分布式高可靠性、实时传输设备的数据通信。目前，DDS 已经广泛应用于国防、民航、工业控制等领域。DDS 的优点是在有线网络下能够很好地支持设备之间的数据分发和设备控制，设备和云端的数据传输，同时 DDS 的数据分发的实时效率很高，能做到秒级内同时分发百万条消息到众多设备；缺点是在无线网络，特别是资源受限的情况下，应用实例较少。

二、智能制造系统调度控制

（一）调度控制问题

从控制理论的角度看，调度控制系统的基本结构如图4-1所示。该系统是一个基于状态反馈的自动控制系统。调度控制器的输入信息 R 为来自上级的生产作业计划、设计要求和工艺规程，反馈信息 X 为生产现场的实际状态。调度控制器根据输入信息和反馈信息进行实时决策，产生控制信息 U（调度控制指令）。制造过程在调度控制指令的控制下运行，克服外界扰动 D 的影响，生产出满足输入信息要求的产品 C。

解决调度控制问题的难点主要体现在以下四点：

一是现代制造系统中的调度控制属于实时闭环控制，对信息处理与计算求解的实时性要求很高。

二是被控对象是特殊的非线性动力学系统——离散事件动态系统（DEDS），难以建模。

三是没有根据被控对象设计调度控制器的有效理论方法。

四是系统处于具有强烈随机扰动的环境中，扰动 D（如原材料、毛坯供应突变，能源供应异常变化，资金周转出现意外情况等）对系统运行的影响极大。

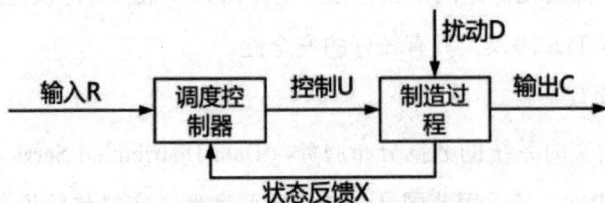

图4-1 调度控制系统的基本结构

目前虽然还难以对制造系统的调度控制问题，特别是对动态调度控制问题全面求出最优解，但经过大量学术研究和生产实践，已经找到一些在某些特殊情况下求解最优解的方法。此外，对于一般性的调度控制问题，亦找到许多求其可行解的方法。其中，具有代表性的有以下四种：①基于排序理论的调度方法，如流水排序方法、非流水排序方法等；②基于规则的调度方法，如启发式规则调度方法、规则动态切换调度方法等；③基于离散事件系统仿真的调度方法；④基于人工智能的调度方法，如模糊控制方法、专家系统方法、自学习控制方法等。

（二）流水排序调度方法

在某些情况下，通过采用成组技术等方法对被加工工件（作业）进行分批处理，可使每一批中的工件具有相同或相似的工艺路线。此时，由于每个工件均须以相同的顺序通过制造系统中的设备进行加工，因此，其调度问题可归结为流水排序调度问题，可通过流水排序方法予以解决。

所谓流水排序，其问题可描述为设有 n 个工件和 m 台设备，每个工件均须按相同的顺序通过这 m 台设备进行加工。要求以某种性能指标最优（如制造总工期最短等）为目标，求出 n 个工件进入系统的顺序。

基于流水排序的调度方法（简称流水排序调度方法），是一种静态调度方法。其实施过程是先通过作业排序得到调度表，然后按调度表控制生产过程运行。如果生产过程中出现异常情况（如工件的实际加工时间与计划加工时间相差太大，造成设备负荷不均匀、工件等待队列过长等），则须重新排序，再按新排出的调度表继续控制生产过程运行。

实现流水排序调度的关键是流水排序算法。目前在该领域的研究已取得较大进展，研究出多种类型的排序算法，概括起来可分为以下四类：①单机排序算法；②两机排序算法；③三机排序算法；④n 机排序算法。

（三）非流水排序调度方法

非流水排序调度方法的基本原理与流水排序调度方法相同，也是先通过作业排序得到调度表，然后按调度表控制生产过程运行；如果运行过程中出现异常情况，则须重新排序，再按新排出的调度表继续控制生产过程运行。因此，实现非流水排序调度的关键是求解非流水排序问题。

非流水排序问题可描述为给定 n 个工件，每个工件以不同的顺序和时间通过 m 台机器进行加工。要求以某种性能指标最优（如制造总工期最短等）为目标，求出这些工件在 m 台机床上的最优加工顺序。

非流水排序问题的求解比流水排序的难度大大增加，到目前为止还没有找到一种普遍适用的最优化求解方法。

（四）基于规则的调度方法

1. 基本原理

基于规则的调度方法（以下简称"规则调度方法"）的基本原理是：针对特定的制造系统设计或选用一定的调度规则，系统运行时，调度控制器根据这些规则和制造过程的某些易于计算的参数（如加工时间、交付期、队列长度、机床负荷等）确定每一步的操作（如选择一个新零件投入系统、从工作站队列中选择下一个零件进行加工等），由此实现对生产过程的调度控制。

2. 调度规则

实现规则调度方法的前提是必须有适用的规则，由此推动了对调度规则的研究。目前研究出的调度规则已达 100 多种。这些规则概括起来可分为四类，即简单优先规则、组合优先规则、加权优先规则和启发式规则。

（1）简单优先规则

简单优先规则是一类直接根据系统状态和参数确定下一步操作的调度规则。这类规则的典型代表有以下六种：

①先进先出（First In First Out，FIFO）规则。根据零件到达工作站的先后顺序来执行加工作业，先来的先进行加工。

②最短加工时间（Shortest Processing Time，SPT）规则。优先选择具有最短加工时间的零件进行处理。SPT 规则是经常使用的规则，它可以获得最少的在制品、最短的平均工作完成时间以及最短的平均工作延迟时间。

③最早到期日（Earliest Due Date，EDD）规则。根据订单交货期的先后顺序安排加工，即优先选择具有最早交付期的零件进行处理。这种方法在作业时间相同时往往效果较好。

④最少作业数（Fewest Operation，FO）规则。根据剩余作业数来安排加工顺序，剩余作业数越少的零件越先加工。这是考虑到较少的作业数意味着有较少的等待时间。因此，使用该规则可使平均在制品少、制造提前和平均延退时间较少。

⑤下一队列工作量（Work In Next Queue，WINQ）规则。优先选择下一队列工作量最少的零件进行处理。所谓下一队列工作量是指零件下一工序加工处的总工作量（加工和排队零件工作量之和）。

⑥剩余松弛时间（Slack Time Remained，STR）规则。剩余松弛时间越短的越先加工。剩余松弛时间是将在交货期前所剩余的时间减去剩余的总加工时间所得的差值。

该规则考虑的是：剩余松弛时间值越小，越有可能拖期，故 STR 最短的任务应最先进行加工。

（2）组合优先规则

组合优先规则是根据某些参数（如队列长度等）交替运用两种或两种以上简单优先规则对零件进行处理的复合规则。例如 FIFO/SPT 就是 FIFO 规则和 SPT 规则的组合，即当零件在队列中等待时间小于某一设定值时，按 SPT 规则选择零件进行处理；若零件等待时间超过该设定值，则按 FIFO 规则选择零件进行处理。

（3）加权优先规则

加权优先规则是一种复合决策机制，它通过为不同的规则分配权重，将简单优先规则和分类规则结合起来，以实现更全面的决策过程。这种方法允许决策者根据各规则的重要性或影响力，给予相应的权重，从而在多个规则之间进行平衡和优化。

（4）启发式规则

启发式规则是一类更复杂的调度规则，它将考虑较多的因素并涉及人类智能的非数学方面。例如 Alternate Operation 规则的一条启发式调度规则，其决策过程如下：如果按某种简单规则选择了一个零件而使得其他零件出现"临界"状态（如出现负的松弛时间），则观察这种选择的效果；如果某些零件被影响，则重新选择。

3. 规则调度方法的优缺点分析

①优点：计算量小、实时性好、易于实施。

②缺点：该方法不是一种全局最优化方法。一种规则只适应特定的局部环境，没有任何一种规则在任何系统环境下的各种性能上都优于其他规则。例如 SLACK 规则虽然能使调度控制获得较好的交付期性能（如延期时间最小），却不

能保证设备负荷平衡度、队列长度等其他性能指标最优。这样，当设备负荷不平衡造成设备忙闲不均而影响生产进度时，便会反过来影响交付时间。同样，由于制造系统中缓冲容量是有限的，如果队列长度指标恶化，很容易造成系统堵塞，反过来也会影响交付时间。因此，基于规则的调度方法难以适用于更广泛的系统环境，更难以适用于动态变化的系统环境。

4. 规则动态切换调度控制系统

由以上讨论可知，静态、固定地应用调度规则不易获得好的调度效果，为此应根据制造系统的实际状态，动态地应用多种调度规则来实现调度控制。由此构成的调度控制系统称为规则动态切换调度控制系统。这类系统的实现方法如下。

规则动态切换调度控制系统的实现原理是：根据制造系统的实际情况，确定适当调度规则集，并设计规则动态选择逻辑和相关的计算决策装置。系统运行时，根据实际状态，动态选择规则集中的规则，通过实时决策实现调度控制。

规则动态切换调度控制系统的实现框图如图 4-2 所示。其中，R_1，R_2，…，R_r 为调度规则集中的厂条调度规则。动态选择模块是一个逻辑运算装置，可根据输入指令和系统状态，动态选择规则集中的某一条规则。计算决策模块的作用是根据被选中的规则计算每一候选调度方案对应的性能准则值，然后根据准则值的大小做出选择调度方案的决策，并向制造过程发出相应的调度控制指令。

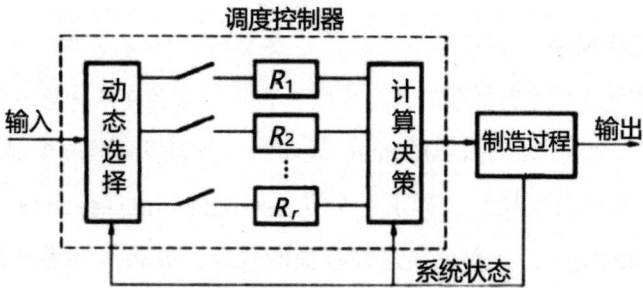

图 4-2 规则动态切换调度控制系统的实现框图

（五）基于仿真的调度方法

1. 基本原理

计算机仿真系统的作用是用离散事件仿真模型模拟实际的制造系统，从而使制造系统的运行过程用仿真模型（以程序表示）在计算机中的运行过程进行描述。这样当调度控制器（其功能可由人或计算机实现）要对制造系统发出实际控制作用前，先将多种控制方案在仿真模型上模拟，分析控制作用的效果，并从多种可选择的控制方案中选择出最佳控制方案，然后以这种最佳控制方案实施对制造系统的控制。由此可见，基于仿真的调度方法实质上是一种以仿真作为制造系统控制决策的决策支持系统、辅助调度控制器进行决策优化、实现制造系统优化控制的方法。

基于仿真的调度控制系统的运行过程如下：当调度控制器接收到来自上级的输入信息（作业计划等）和来自生产现场的状态反馈信息后，通过初始决策确定若干候选调度方案，然后将各方案送往计算机仿真系统进行仿真，最后由调度控制器对仿真结果进行分析，做出方案选择决策，并据此生成调度控制指令来控制制造过程运行。

在理论方法还不成熟的情况下，用仿真技术来解决制造系统调度与控制问题的方法得到了广泛的应用。

2. 关键问题

（1）仿真建模

建立能准确描述实际系统的仿真模型是实现仿真调度方法的前提。常用的仿真模型有物理模型、解析模型和逻辑模型。物理模型主要用于物理仿真，由于这种方法需要较大的硬件投资且灵活性小，所以应用较少。解析模型的研究目前还不够成熟，在调度控制仿真中应用也较少，一般多用于制造系统的规划仿真。目前在调度控制仿真中所用的模型主要是逻辑模型。这类模型的典型代表有 Petri 网模型、活动循环图（ACD）模型等。其中，ACD 模型由于便于描述制造系统的底层活动，在制造系统调度仿真中得到较多应用。

（2）实验设计

基于仿真的调度方法的实质是通过多次仿真实验，从可选择的调度控制方案中做出最佳控制方案选择决策的方法。由于可供选择的方案往往很多，如果用穷举法一个一个地进行实验，势必耗费大量时间，而且这也是制造系统控制的实时性要求所不容许的。因此，如何安排实验（进行实验设计），以最少的实验次数从可选方案中选择出最佳方案，便成为仿真控制方法的另一重要问题。目前常用的仿真实验设计与结果分析方法有回归分析方法、扰动分析方法、正交设计方法等。

（3）仿真运行

为使仿真模型能在计算机上运行，必须将仿真模型及其运行过程用有效的算法和计算机程序表示出来。对于活动循环图模型来说，可以采用基于最小时钟原则的三阶段离散事件仿真算法。在仿真语言和编程方面，目前可用于制造系统仿真的语言有通用语言（如 C 语言等）、专用仿真语言、仿真软件包等。通用语言的特点是灵活性大，但编程工作量大。专用仿真语言的特点是系统描述容易，编程简单，但柔性不如通用语言大。仿真软件包的特点是使用方便，但柔性小，软件投资较大。

（4）控制决策

控制决策是实现仿真调度方法的最后一环。该环节的任务是对仿真结果进行分析，比较各调度方案的优劣，从中做出最佳选择，并据此生成调度控制指令，通过执行系统（如过程控制系统）控制生产过程的运行。

为使控制决策更有效、更准确，目前一些实际系统中多由人机结合的方式来完成这一任务。

基于仿真的调度方法虽然可在一定程度上解决制造系统的调度控制问题，如静态调度问题，但还存在一些不足之处。问题之一是，该方法的实时性不太理想，这是由于仿真的调度方法须经过一定数量的仿真实验，才能确定最佳方案，而完成这些实验将耗费相当多的时间，从而使控制系统无暇顾及生产现场状态的实时变化，也就难以对变化做出快速响应。另一问题是，面向实时控制的仿真建模是一个相当复杂的工作，建立一个可用于制造系统动态调度仿真的模型往往需要花较长的时间去解决系统动态行为的精确描述问题，而在某些变结构制造系统中，为实现自适应调度控制，需要对系统进行实时动态建模，其难度将更大。

第三节　智能制造系统供应链管理

一、制造业供应链管理概念

(一) 供应链的定义

制造业供应链是一种将供应商、制造商、分销商、零售商直至最终客户 (消费者) 连成一个整体的功能网链模式,在满足一定的客户服务水平的条件下,为使整个供应链系统成本达到最小,而将供应商、制造商、仓库、配送中心和渠道商有效地组织在一起,共同进行产品制造、转运、分销及销售的管理方法。从供应链的定义来看,供应链主要包括以下内容。

一是供应链的参与者。主要包括供应商、制造商、分销商、零售商、最终客户 (消费者)。

二是供应链的活动。原材料采购、运输、加工在制品、装配成品、销售商品、进入客户市场。

三是供应链的四种流。物料流、信息流、资金流及商品流。

供应链不仅是一条资金链、信息链、物料链,还是一条增值链。物料因在供应链上加工、运输等活动而增值,给供应链上的全体成员都带来了收益。

(二) 制造业供应链的特征

供应链定义的结构决定了它具有以下主要特征:

一是动态性。因核心企业或成员企业的战略及快速适应市场需求变化的需要,供应链网链结构中的节点企业经常进行动态的调整 (新加入、退出或调整层次),因而供应链具有明显的动态特性。

二是复杂性。供应链上的节点往往由多个不同类型、不同层次的企业构成,因而结构比较复杂。

三是面向用户性。供应链的形成、运作都是以用户为中心而发生的。用户的需求拉动是供应链中物流、资金流及信息流流动的动力源。

四是跨地域性。供应链网链结构中的节点成员超越了空间的限制，在业务上紧密合作，在信息流和物流的推动下，可进一步扩展为全球供应链体系。

五是结构交叉性。某一节点企业可能分属为多个不同供应链的成员，多个供应链形成交叉结构，这无疑增加了协调管理的复杂度。

六是借助互联网、物联网等信息化技术，供应链正向敏捷化、智能化方向快速发展。

（三）制造业供应链管理现状及存在的问题

随着新一轮科技革命和产业变革的到来，制造业供应链管理信息化远没有达到预期的目标。其主要存在的问题如下。

一是供应链管理水平低。通常情况下，采用供应链管理系统可以最大限度地帮助企业缩短生产和采购周期，降低库存和资金占用，快速响应客户需求，实现个性化定制。然而供应链上的节点企业普遍存在供应链管理粗放的问题，缺乏适合不同生产类型、不同计划模式和多种计划模式的混合解决方案。制订的供应链计划往往是静态的、分散的、不连续的计划，不能进行合理的通用件合并，缺少科学合理的计划政策、批量政策、储备政策、提前期等生产计划参数，投资重金开发的 ERP 系统只停留在供销存和财务管理的层面，供应链计划却无法有效执行。多数企业在与供应商和客户进行的商务活动中仍处于传统的模式，市场响应速度慢。客户关系管理、供应商关系管理、电子商务的应用水平还很低。

二是采购计划制订不科学。采购计划没有遵循物料需求计划结果，导致库存数据、消耗定额数据、在制品数据、采购在途量不准确、不及时，从而造成采购计划不科学、不严谨，物料积压或短缺严重。

三是缺乏物流管理。很多企业只是使用了 ERP 中财务加供销存模块，这些企业所设计的管理模式、业务流程及制度是以财务记账为核心的管理模式，因此物流管理无法为生产计划、财务、成本提供准确及时的物流信息，导致计划制订及执行流于形式。

四是经营管理信息化、智能化水平低。企业经营管理信息化、智能化要求企业应用新一代信息技术、管理技术、行业最佳实践，对企业业务流程、管理模式、组织机构、数据进行优化和创新。很多企业虽然应用信息化、智能化技术，但是受限于现有的管理模式和业务流程，"穿新鞋走老路"，管理变革不到位，实施的效果不佳。

五是不重视基础数据的管理。物料代码、物料主数据、物料清单（Bill of Material，BOM）、工艺路线、加工中心数据和工时定额不准确，严重影响供应链计划、车间作业计划、成本核算的准确性。

六是系统集成性差，开放利用不足。多数企业的单个信息系统应用非常普遍而且较好，如 CAD、设备管理系统、财务管理系统等，但系统之间的集成性较差，如产品设计系统与 ERP、MES、CRM、SRM 之间的集成度；ERP 系统内部各个子系统之间、ERP 系统与 MES、CRM、SRM 之间的集成度等。系统出现许多断点，以及重复录入数据，导致系统运行效率差、出错率高。

二、智能供应链管理

针对制造业供应链的现状及问题，企业必须对自身的组织机构、业务流程、数据、信息系统进行优化设计，在互联网及物联网的技术支持基础上，建立供应链科学的管控体系及协同商务系统，并建立全价值链的集成平台。

智能供应链管理是一种以多种信息技术、人工智能为支撑和手段的先进的管理软件和技术。它将先进的电子商务、数据挖掘、协同技术等紧密集成在一起，为企业产品策略性设计、资源的策略性获取、合同的有效洽谈以及产品内容的统一管理等过程提供了一个优化的实现双赢的解决方案。

智能供应链系统包括 ERP、CRM、SCM、SRM、PM，在智能制造系统的环境下，智能供应链系统以客户为中心，将供应链上的客户、供应商、协作配套厂商、合作伙伴从战略高度进行策划和组织，使其共享利益，共担风险，共享信息。通过信息化手段，实现 SRM、ERP、CRM、PM 以及整个供应链管理的优化和信息化。这些模块包括供应链计划管理、协同商务管理、库存管理、采购管理、销售管理、生产管理、分销管理、财务成本管理、人力资源管理、设备管理、绩效管理及商业智能等。其中，SRM 围绕企业采购、外协业务相关的领域，目标是通过与供应商建立长期、紧密的业务关系，并通过对双方资源和竞争优势的整合来共同开拓市场，扩大市场需求和份额，降低产品前期的高额成本，实现双赢的企业管理模式。其具体的功能包括供应商管理（包括供应商准入的管理、供应商评价管理、供应商退出管理）、招投标管理（包括招标管理、投标管理、开标管理）、采购管理（包括采购组织管理、采购业务管理、采购业务分析）、工程管理（包括物料管理、BOM 管理、加工中心管理、工艺管理等）及电子商务采购（包括供应商业务管理、采购计划下达、采购订单确认、订单查询、订单变更、发货状态、网上支付、外协供应商管理等）等功能。

供应链管理系统中最重要、应用最困难、成功率最低的是供应链计划与控制及协同商务。

（一）供应链计划与控制

供应链的计划与控制是供应链管理系统的核心，也是智能制造系统中智能经营分支的核心。它由客户的需求计划、项目计划、供应链网络计划、MPS、MRP、JIT、运输计划等构成适应不同生产类型要求的计划控制体系。它的目的是在有限资源（库存、在途、在制、计划政策、储备政策、批量政策、提前期、加工能力等）条件下，根据客户的需求，对企业内外供应链上的成员（供应商、协作配套厂商、合作伙伴、企业内部上下工序车间之间）需求做出合理的安排，最大限度地缩短采购和生产周期，降低库存和在制品资金的占用，提高生产率，降低生产成本，准时供货，快速响应客户需求。

通常情况下，将计划与控制模块分为内部（企业）和外部（合作伙伴）计划两个类型。其中，内部计划包括财务计划、销售计划、营销计划、采购计划、生产计划、物流计划、库存计划等；外部计划则包括客户的采购计划、供应商的销售计划、第三方的运输配送计划等。这些不同类型的计划，其拆解和转换涉及不同的职能部门、不同的合作伙伴，还会涉及大量的计算，涉及对每个模块业务的充分理解，如果只由供应链计划部门来完成，将是一件不可能完成的任务。因此做好供应链计划的步骤如下。

一是需要构建计划之间的"连接器"。不管是内部还是外部计划，计划与计划之间都是相互关联、密切配合的。这种关联有可能是不同层级的，有上一层计划才会有下一层计划，如财务计划和销售计划；也有可能是同层级的，如需求计划和供应计划。如果忽视这种关联性，计划之间将缺乏协调、计划数据之间将产生矛盾。因此，需要重点关注内部协同计划、外部协同计划两个主要的协同计划，它是内外协同的主线。通过内外协同计划，我们可以把前述计划串联起来，形成一个有机的整体，形成唯一的共识计划数据，并让信息在这个有机体里顺畅地流动。

二是需要构建计划之间的"转换器"。每个计划职能都有其对应的输入和输出，上游计划的输出是下游计划的输入，下游计划的输出又是下下游计划的输入。

三是需要构建计划之间的"调节器"。计划的调节器，是通过实时的数据监控，对计划执行的效果进行转换、汇总、分析、调整和重新分拆，以适应动态的变化。

优秀的"调节器"具备实时监控、周期调整的能力。实时监控确保了对计划执行效果的掌控，而周期性调整避免了频繁变动对计划体系所造成的冲击，能够将计划本身所产生的波动降到最低。

计划制订工作是供应链管理中最复杂、最细致也是最有技术含量的工作之一。其需要确保数据的一致性、计划的准确性、供应链的协调性、计划变动的灵活性，只有通过构建合适的"连接器""转换器"和"调节器"，才能将供应链上复杂的计划模块连接起来，形成一个有机的整体，最终让所有人都能够以各自不同的视角面对统一的计划体系。

供应链计划随着生产类型的不同而不同。制造业的生产类型分为离散型制造和流程制造两类。其中，前者又分为订单生产、多品种小批量生产、大批量生产、大规模定制及再制造生产五种方式。多品种小批量生产将是机械制造业的主要生产模式，适合使用 ERP 系统制订供应链计划，其他生产类型是在多品种小批量生产模式的基础之上制订供应链计划的。

（二）协同商务

产品协同商务是建立在网络化制造、基于互联网基础之上的系统平台。其组织视图是一个复杂的网状结构，在该网络中，每个节点实质是一个企业，各个企业必须在核心企业或盟主的统一领导下，彼此协同合作才能完成机遇产品的开发。

产品协同商务可以与 ERP 进行集成，在产品协同商务网络平台的统一调度下，各个合作企业的 ERP 系统的信息能够按照规定的要求提取至系统商务平台中的协同数据库中进行集成，从而实现协同企业高效交互，增强供应链的核心竞争力。

产品协同商务具有如下特点：

一是动态性。参与协同的成员企业数量实时编号，考虑到合作企业的选择、确定协作关系，在产品的全生命周期会调用不同的协作实体。

二是组织结构优化。为实现资源的快速重组，要求合作体更具有灵活性、开放性和自主性的组织结构，不适合使用传统的树形金字塔结构，而应采用扁平化的组织结构。

三是业务类型以市场订单或者市场机遇为驱动力，保证组建的协同网络中的合作体的资源满足市场机遇产品的生产要求。

四是分散性。参与合作体的实体群在地理位置上是分散的，需要互联网环境的支撑及数据交换标准的制定。

五是协同性。协同关系反映在企业内部的协同、企业之间的协同以及企业与其他组织的协同。

六是竞争性。合作体成员之间既合作又竞争。此外，合作体与其他合作体之间也存在群体之间的竞争，合作体内部也存在类似资源的竞争。

七是知识性。协同商务链是协同商务发展的方向，其特征是具有知识流、物流、信息流、资金流。其中，知识流是指协同商务企业可以与知识机构，如科研院所等进行协同。协同的内容包括知识的描述、知识的建模、知识的存储、知识的使用及知识的优化等。

（三）系统商务集成平台的技术架构

系统商务集成平台是将具有共同利益的实体通过网络进行协同的分布式服务平台。显然平台的构建需要分布式计算技术。目前适用于分布式计算的方式较多，如中间件（包括 CORBA、EJB、DCOM 等）和 WebService 等，可以根据实际需要选择合适的分布式计算技术或者进行组合。

三、多智能体在供应链中的应用

随着企业信息化和业务数字化应用的日益深入，特别是线上业务和网络经营范围的不断扩大，信息的处理规模、关系网络的复杂性以及供需的动态特征等因素已经成为供应链管理的难题。

多智能体（Multi Agent，MA）技术具有分布性、自治性、移动性、智能性和自主学习性等优点，比较适用于跨越企业边界的、处于复杂环境的供应链管理，进而满足企业间可整合、可扩展的需求，集成供应链上各个节点企业的核心能力和价值创造能力，强化供应链的整体管理水平和竞争力。因此，基于 MA 技术构建的供应链管理系统，能充分发挥其在链网式组织模式中的经营管理、辅助决策和协同优化功效，具有智能化效用。

（一）Agent 结构类型

Agent 的结构由环境感知模块、执行模块、信息处理模块、决策与智能控制模块以及知识库和任务表组成。其中，环境感知模块、执行模块和通信模块负责与系统环境和其他 Agent 进行交互，任务表为该 Agent 所要完成的功能和任务；信息处理模块负责对感知和接收的信息进行初步的加工、处理和存储；决策与智能控制模块是赋予 Agent 智能的关键部件。它运用知识库中的知识，对信息处理模块处理所得到的外部环境信息和其他 Agent 的通信信息进行进一步的分析、推理，为进一步的通信或从任务表中选择适当的任务供执行模块执行做出合理的决策。

（二）多智能体系统（Multi Agent System，MAS）及其特征

MAS 是由多个相互联系、相互作用的自治 Agent 组成的一个较为松散的多 Agent 联盟，多个 Agent 能够相互协同、相互服务、共同完成某一全局性目标，显然 MAS 是一种分布式自主系统。MAS 系统具有如下特征：

一是每个 Agent 都拥有解决问题的不完全的信息或能力。

二是每个 Agent 之间相互通信、相互学习、协同工作，构成一个多层次、多群体的协作结构，使整个系统的能力大大超过单个 Agent。

三是 MAS 中各 Agent 成员自身目标和行为不受其他 Agent 成员的限制。

四是 MAS 中的计算是分布并行、异步处理的，因此性能较好。

五是 MAS 把复杂系统划分成相对独立的 Agent 子系统，通过 Agent 之间的合作与协作来完成对复杂问题的求解，简化了系统的开发。

（三）多 Agent 供应链管理系统概述及构成

多 Agent 供应链管理系统是在传统的供应链管理系统里，嵌入多 Agent 技术、赋予供应链管理智能，使企业主体的业务建模、量化分析、知识管理和决策支持等任务由 Agent 承担，实现动态的合作体与信息共享。其核心策略是根据优势互补的原则建立多个企业的可重构、可重用的动态组织集成方式以支持供应链管理的智能化，并满足顾客需求的多样化与个性化，实现敏捷供应链管理智能集成体系。

供应链管理系统中的供应商、制造单位、客户、销售和产品管理等均具备独立的 Agent 的特征，因此制造企业的供应链网络中的人、组织、设备间的合作交互、共同完成任务的各种活动可以描述为 Agent 之间的自主作业活动。基于 MAS 的供应链管理系统的结构有两种 Agent 类型：一种是业务 Agent，另一种是中介 Agent，并且中介 Agent 作为系统的协调器，不仅可以将各个业务 Agent 相互联系起来，进行协同工作，还具有一定的学习能力，即它可以通过 Agent 的协同工作来获取经验和知识。

根据多 Agent 供应链各节点的功能，可将这些节点划分为供应商 Agent、采购 Agent、原材料库存 Agent、生产计划 Agent、制造 Agent、产品库存 Agent、订单处理 Agent、运输 Agent 及分销商 Agent 等。

（四）多 Agent 供应链管理系统架构

MAS 供应链管理系统架构的组成包括以客户为中心的 Agent、以产品为中心的 Agent、以供应商为中心的 Agent、以物流为中心的 Agent 四部分。其中，以客户为中心的 Agent 主要负责处理客户信息管理；以产品为中心的 Agent 负责利用客户信息分析客户在什么时候需要何种产品；以供应商为中心的 Agent 负责为原材料和组件选择更好的供应商；以物流为中心的 Agent 负责为制造商调度材料和产品。每个 Agent 在整个供应链中都独立地承担一个或多个职能，同时每个 Agent 都要协调自己与其他 Agent 的活动。

（五）多 Agent 供应链管理系统的协同机制

在一个具有动态性、交互性和分布性的供应链中，各合作体之间的协同机制十分重要，一般采用合同网协议实现。基于合同网的协议是一种协同机制，供应链中各合作体使用它进行合作，完成任务的计划、谈判、生产、分配等。整个申请过程可以在互联网平台上完成。供应链合作伙伴之间的通信顺序如下。

一是生产商通过供应商 Agent 向所有潜在供应商提供外部订单。

二是接收外部订单后，潜在供应商做出投标决策。

三是如果供应商决定投标，实施投标申请。

四是供应商投标在供应商接口代理平台上进行。

五是接收投标申请之后，制造商将会通过供应商管理 Agent 对参与投标的供应商给出一个综合的评估。评估的指标包括产品质量、价格、交货期、服务水平等。根据评价结果选择较合适的供应商。

六是生产商通过供应商接口的 Agent 宣布中标者，同时回复所有未中标的供应商。

七是中标供应商对收到的订单实施生产。

八是供应商将其生产的最终原料发送给生产商。

因此，为了实施生产，供应商也会将它的外部物料订单告知给供应商的供应商。这个周期将会一直持续到供应链的最终端，最终完成整个流程。

此外，MAS 在供应链管理系统中还具有协调契约机制、协商机制、谈判机制、通信机制及多个 Agent 之间的信息交互机制等；还包括供应链的多 Agent 建模与仿真应用、计划调度与优化求解应用以及多 Agent 的运行和实施方面的应用。

第五章　机械制造与自动化

第一节　物料供输自动化

一、物料供输自动化概述

在制造业中，原材料从入厂，经过冷热加工、装配、检验、油漆及包装等各个生产环节，到产品出厂，机床作业时间仅占 5％，而工件处于等待和传输状态的时间占 95％。其中，物料传输与存储费用占整个产品加工费用的 30％～40％，因此对物流系统的优化有助于降低生产成本、压缩库存、加快资金周转、提高综合经济效益。

（一）物流系统及其功用

物流是物料的流动过程。物流按其物料性质不同，可分为工件流、工具流和配套流 3 种。其中，工件流由原材料、半成品、成品的流动构成；工具流由刀具、夹具的流动构成；配套流由托盘、辅助材料、备件等的流动构成。

在制造系统中，各种物料的流动贯穿整个制造过程。

在自动化制造系统中，物流系统是指工件流、工具流和配套流的移动与存储。它主要完成物料的存储、输送、装卸、管理等功能。

1. 存储功能

在制造系统中，有许多工件处于等待状态，即不处在加工和处理状态，需要存储和缓存。

2. 输送功能

完成工件在各工位之间的传输，满足工件加工过程和处理顺序的要求。

3. 装卸工能

实现加工设备及辅助设备上下料的自动化，以提高劳动生产率。

4. 管理功能

物料在输送过程中是不断变化的，因此，须对物料进行有效的识别和管理。

（二）物流系统应满足的要求

一是应实现可靠、无损伤和快速的物料流动。

二是应具有一定的柔性，即灵活性、可变性和可重组性。

三是实现"零库存"生产目标。

四是采用有效的计算机管理，提高物流系统的效率，减少建设投资。

（5）应具有可扩展性、人性化和智能化。

二、刚性自动化物料储运系统

（一）刚性自动化物料储运系统概述

刚性自动化物料储运系统由自动供料装置、装卸站、工件传送系统和机床工件交换装置等部分组成。按原材料或毛坯形式的不同，自动供料装置一般可分为卷料供料装置、棒料供料装置和件料供料装置3大类。前2类自动供料装置多属于冲压机床和专用自动机床的专用部件。件料自动供料装置一般可以分为料仓式供料装置和料斗式供料装置2种形式。装卸站是不同自动化生产线之间的桥梁和接口，用于实现自动化生产线上物料的输入和输出功能。工件传送系统用于实现自动线内部不同工位之间或不同工位与装卸站之间工件的传输与交换功能。其基本形式有链式输送系统、辊式输送系统、带式输送系统。机床工件交换装置主要指各种上下料机械手及机床自动供料装置，其作用是将输料道来的工件通过上料机械手安装于加工设备上，加工完毕后，通过下料机械手取下，放置在输料槽上输送到下一个工位。

（二）自动供料装置

自动供料装置一般由储料器、输料槽、定向定位装置和上料器组成。储料器储存一定数量的工件，根据加工设备的需求自动输出工件，经输料槽和定向定位装置传送到指定位置，再由上料器将工件送入机床加工位置。储料器一般设计成料仓式或料斗式。料仓式储料器须人工将工件按一定方向摆放在仓内；料斗式储料器只须将工件倒入料斗，由料斗自动完成定向。料仓或料斗一般储存小型工件，较大的工件可采用机械手或机器人来完成供料过程。

对供料装置的基本要求如下：①供料时间应尽可能少，以缩短辅助时间，提高生产率；②供料装置结构尽可能简单，供料稳定可靠；③供料时避免大的冲击，防止供料装置损伤工件；④供料装置要有一定的适用范围，以适应不同类型、不同尺寸的工件要求；⑤满足一些工件的特殊要求。

1. 料仓

料仓的作用是储存工件。根据工件的形状特征、储存量的大小以及与上料机构的配合方式的不同，料仓具有不同的结构形式。由于工件的重量和形状尺寸变化较大，料仓结构设计没有固定模式，一般我们把料仓分成自重式和外力作用式两种结构。

2. 拱形消除机构

拱形消除机构一般采用仓壁振动器。仓壁振动器使仓壁产生局部、高频微振动，破坏工件间的摩擦力和工件与仓壁间的摩擦力，从而保证工件连续地由料仓中排出。振动器振动频率一般为 1000～3000 次/分。当料仓中物料搭拱处的仓壁振幅达到 0.3mm 时，即可达到破拱效果。在料仓中安装搅拌器也可消除拱形堵塞。

3. 料斗装置和自动定向方法

料斗上料装置带有定向机构，工件在料斗中自动完成定向。但并不是所有工件在送出料斗之前都能完成定向。没有定向的工件在料斗出口处被分离，返回料斗重新定向，或由二次定向机构再次定向。因此，料斗的供料率会发生变化，为了保证正常生产，应使料斗的平均供料率大于机床的生产率。

4. 输料槽

根据工件的输送方式（靠自重或强制输送）和工件的形状，输料槽有许多形式，见表 5-1。

表 5-1 输料槽主要类型

名称		特点	使用范围
自流式输料槽	1. 料道式输料槽	输料槽安装倾角大于摩擦角，工件靠自重输送	轴类、盘类、环类工件
	2. 轨道式输料槽	输料槽安装倾角大于摩擦角，工件靠自重输送	带肩杆状工件
	3. 蛇形输料槽	工件靠自重输送，输料槽落差大时可起缓冲作用	轴类、盘类、球类工件
半流式输料槽	4. 抖动式输料槽	输料槽安装倾角小于摩擦角，工件靠输料槽做横向抖动输送	轴类、盘类、板类工件
	5. 双垛式输料槽	垛子倾角小于摩擦角，垛子转动，工件滑动输送	板类、带肩杆状、锥形滚柱等工件
强制运动式输料槽	6. 螺旋管式输料槽	利用管壁螺旋槽送料	球形工件
	7. 摩擦轮式输料槽	利用纤维质垛子转动推动工件移动	轴类、盘类、环类工件

三、自动线输送系统

自动化的物料输送系统是物流系统的重要组成部分。在制造系统中，自动线的输送系统起着人与工位、工位与工位、加工与存储、加工与装配之间的衔接作用，同时具备物料的暂存和缓冲功能。运用自动线的输送系统，可以加快物料流动速度，使各工序之间的衔接更加紧密，从而提高生产效率。

（一）带式输送系统

带式输送系统是一种利用连续运动且具有挠性的输送带来输送物料的输送系统。

1. 输送带

根据输送的物料不同，输送带的材料可采用橡胶带、塑料带、绳芯带、钢网带等，而橡胶带按用途又可分为强力型、普通型、轻型、井巷型、耐热型五种。输送带两端可使用机械接头、冷黏接头和硫化接头连接。机械接头强度仅为带体强度的 35％~40％，应用日渐减少。冷黏接头强度可达带体强度的 70％左右，应用日趋增多。硫化接头强度能达带体强度的 85％~90％，接头寿命最长。输送带的宽度比成件物料宽度大 50~100mm，物料对输送带的比压应小于 5kPa。

2. 滚筒及驱动装置

滚筒分传动滚筒和改向滚筒两大类。传动滚筒与驱动装置相连，外表面可以是金属表面，也可包上橡胶层来增加摩擦因数。改向滚筒用来改变输送带的运动方向和增加输送带在传动滚筒上的包角。驱动装置主要由电动机、联轴器、减速器和传动滚筒等组成。输送带通常在有负载下启动，应选择启动力矩大的电动机。

减速器一般采用涡轮减速器、行星摆线针轮减速器或圆柱齿轮减速器。将电动机、减速器、传动滚筒做成一体的称为电动滚筒。电动滚筒是一种专为输送带提供动力的部件，电动滚筒主要用作固定式和移动式带式输送机的驱动装置，因电动机和减速机构内置于滚筒内，与传统的电动机、联轴器、减速机置于滚筒外的开式驱动装置相比，具有结构紧凑、运转平稳、噪声低、安装方便等优点，适合在粉尘及潮湿泥泞等各种环境下工作。

（二）链式输送系统

链式输送机由链条、链轮、电动机、减速器、联轴器等组成。长距离输送的链式输送机还有张紧装置和链条支撑导轨。链条由驱动链轮牵引，链条下面有导轨，支撑着链节上的套筒辊子。货物直接压在链条上，随着链条的运动而向前移动。

（三）辊子输送系统

辊子输送系统是利用辊子的转动来输送工件的输送系统，其结构比较简单。为保证工件在辊子上移动时的稳定性，输送的工件或托盘的底部必须有沿输送方向的连续支撑面。一般工件在支撑面方向至少应该跨过三个辊子的长度。

辊子输送系统一般分为无动力辊子输送系统和动力辊子输送系统两类。无动力辊子输送系统是依靠工件的自重或人的推力使工件向前输送，自重式则沿输送方向略向下倾斜。动力辊子输送系统是由驱动装置通过齿轮、链轮或带传动使辊子传动，依靠辊子和工件之间的摩擦力实现工件的输送。

四、柔性物流系统

柔性物流系统是由数控加工设备、物料运储装置和计算机控制系统等组成的自动化制造系统。它包括多个柔性制造单元，能根据制造任务或生产环境的变化迅速进行调整，适用于多品种、中小批量生产。

从硬件的形式上看，柔性物流系统包括：①两台以上的数控机床或加工中心以及其他的加工设备，包括测量机、清洗机、动平衡机、各种特种加工设备等。②一套能自动装卸的运储系统，包括刀具的运储和工件原材料的运储。具体结构可采用传送机、运输小车、搬运机器人、上下料托盘、交换工作站等。③一套计算机控制系统。

（一）柔性物流输送形式

物料输送系统是为 FMS 服务的，它决定着 FMS 的布局和运行方式。由于大部分的 FMS 工作站点多，输送线路长，输送的物料种类不同，因而物流系统的整体布局较为复杂。

1. 直线型输送形式

直线型输送形式比较简单，在我国现有的 FMS 中较为常见。它适用于按照规定的顺序从一个工作站到下一个工作站的工件输送，输送设备做直线运动，在输送线两侧布置加工设备和装卸站。直线型输送形式的线内储存量小，常须配合中央仓库及缓冲站。

2. 网络型输送形式

网络型输送形式的输送设备通常采用自动导向小车。自动导向小车的导向线路埋设在地下，输送线路具有很大的柔性，故加工设备敞开性好，物料输送灵活，在中、小批量的产品或新产品试制阶段的 FMS 中应用越来越广。网络型输送形式的线内储存量小，一般须设置中央仓库和托盘自动交换器。

3. 以机器人为中心的输送形式

以机器人为中心的输送形式是以搬运机器人为中心，加工设备布置在机器人搬运范围内的圆周上。一般机器人配置了夹持回转类零件的夹持器，因此它适用于加工各类回转类零件的 FMS 中。

（二）托盘及托盘交换器

1. 托盘

在柔性物流系统中，工件一般是用夹具定位夹紧的，而夹具被安装在托盘上，因此托盘是工件与机床之间的硬件接口。为了使工件在整个 FMS 中有效地完成任务，系统中所有的机床和托盘必须统一接口。通常所采用的托盘结构都具有该系统中加工中心工作台的形状，通常为正方形结构。它带有大倒角的棱边和 T 形槽，以及用于夹具定位和夹紧的凸榫。有的物流系统也使用圆形托盘。托盘在夹紧定位前，一般先在锥形（楔形）定位器上定位，并用空气流把所有定位表面吹干净。

2. 托盘交换器

托盘交换器是 FMS 的加工设备与物料传输系统之间的桥梁和接口。它不仅起连接作用，还可以暂时存储工件，起到防止系统阻塞的缓冲作用。设置托盘交换器可大幅缩短工件的装卸时间。托盘交换器一般有回转式托盘交换器和往复式托盘交换器两种。

（1）回转式托盘交换器

回转式托盘交换器通常与分度工作台相似，有二位、四位和多位形式。多位的托盘交换器可以存储若干个工件，所以也称缓冲工作站或托盘库。二位的回转式托盘交换器上有两条平行的导轨供托盘移动导向用，托盘的移动和交换器的回转通常由液压驱动。这种托盘交换器有两个工作位置，机床加工完毕后，交换器从机床工作台移出装有工件的托盘，然后旋转 180°，将装有未加工工件的托盘再送到机床的加工位置。

（2）往复式托盘交换器

它由一个托盘库和一个托盘交换器组成。当机床加工完毕后，工作台横向移动到卸料位置，将装有已加工工件的托盘移至托盘库的空位上，然后工作台横向移动到装料位置，托盘交换器再将待加工的工件移至工作台上。带有托盘库的交换装置允许在机床前形成一个小的工件队列，起到小型中间储料库的作用，以补偿随机或非同步生产的节拍差异。由于设置了托盘交换器，工件的装卸时间大幅缩短。

（三）自动导向小车

自动导向小车（Automated Guide Vehicle，AGV）是一种由蓄电池驱动，装有非接触导向装置，在计算机的控制下自动完成运输任务的物料运载工具。

AGV 是柔性物流系统中物料运输工具的发展趋势。

AGV 主要由车架、蓄电池、充电装置、电气系统、驱动装置、转向装置、自动认址和精确停位系统、移栽机构、安全系统、通信单元和自动导向系统等组成。

1. 在 FMS 中采用 AGV 的优点

（1）较高的柔性

只要改变一下导向程序，就可以较容易地改变、修正、扩充自动导向车的移动路线。但如果要改变固定的传送带运输线或 RGV 的轨道就相对困难一些。

（2）实时监视和控制

由控制计算机实时地对 AGV 进行监视，如果柔性制造系统根据某种需要改变进度表或作业计划，则可很方便地重新安排小车路线。此外，还可以为紧急需要服务，也可向计算机报告负载的失效、零件错放等事故。

（3）安全可靠

AGV 能以低速运行，运行速度一般在 10~70m/min 之间。通常 AGV 备有微处理器控制系统，能与本区的其他控制器通信，可以防止相互之间的碰撞。AGV 下面安装了定位装置，可保证定位精度达到 ±30mm，而安装定位精度传感器的 AGV 定位精度可达到 ±3mm。此外，AGV 还可备有报警信号灯、扬声器、急停按钮、防火安全连锁装置，以保证运输的安全。

（4）维护方便

维护工作包括对小车蓄电池的充电和对小车电动机、车上控制器、通信装置、安全报警装置的常规检查等。大多数 AGV 备有蓄电池状况自动报告装置，它与控制主机互联，当蓄电池的储备能量降到需要充电的规定值时，AGV 会自动去充电站充电，一般 AGV 可连续工作 8h 而无须充电。

2. AGV 的分类

按导向方式的不同可将 AGV 分为以下三种类型：

（1）线导小车

线导小车是利用电磁感应制导原理进行导向的。它须在行车路线的地面下埋设环形感应电缆来制导小车运动。目前线导小车在工厂应用最广泛。

（2）光导小车

光导小车是采用光电制导原理进行导向的。它须在行车路线上涂上能反光的荧光线条，小车上的光敏传感器接收反射光来制导小车运动。这种小车线路易于改变，但对地面环境要求高。

（3）遥控小车

遥控小车没有传送信息的电缆，而是以无线电设备传送控制命令和信息。遥控小车的活动范围和行车路线基本上不受限制，比线导、光导小车柔性好。

3. AGV 系统的管理

AGV 系统的管理就是为了确保系统的可靠运行，最大限度地提高物料的通过量，使生产效率达到最高水平。它一般包括交通管制、车辆调度和系统监控。

（1）交通管制

在多车系统中必须有交通管制才能避免小车之间的相互碰撞。目前应用最广的 AGV 交通管制方法是区间控制法。它将导向路线划分为若干个区间。区间控制法的法则是在同一时刻只允许一个小车位于给定的区间内。

（2）车辆调度

车辆调度的目标是使 AGV 系统实现最大的物料通过量。车辆调度需要解决两个问题：一是实现车辆调度的方法；二是车辆调度应遵循的法则。

①车辆调度的方法。实现车辆调度的方法按等级可分为车内调度系统、车外招呼系统、遥控终端、中央计算机控制与组合控制等。在柔性物流系统中，一般由物流工作站计算机调度，使系统处于最高水平的运行调度状态。当系统以最高水平控制运行时，如物流工作站计算机调度失败，则可返回低一级水平控制。这时，可以恢复到遥控终端控制或车载控制，AGV 系统仍可继续工作。

②车辆调度应遵循的法则。在多车多工作站的系统中，AGV 遵循何种车辆调度法则，对于 FMS 的运行性能和效率有很大的影响。最简单的车辆调度法则是顺序车辆调度法则。它是让 AGV 在导向线路上不停地行驶，依次经过每一个工作站，当经过有负载需要装运的工作站时，AGV 便装上负载继续向前行驶，

并把负载输送到它的目的地。这种调度法则不会出现车间闭锁（交通阻塞）现象，但物流系统的柔性及物料通过量都比较低。为了克服上述缺点，柔性物流系统逐步采用了一些先进的车辆调度法则。例如，从任务申请角度出发，有最大输送排队长度法则、最少行驶时间法则、最短距离法则、最小剩余输送排队空间法则、先来先服务法则等；从任务分配角度出发，有最近车辆法则、最快车辆法则、最长空闲车辆法则等。柔性物流系统使用何种法则为最好，这与物流输送形式、设备布置、工件类型、AGV 数目等多种因素有关。需要通过计算机仿真试验才能确定。

（3）系统监控

复杂的柔性物流系统自动化程度高、物料输送量大。为了避免系统出现故障或运行速度减慢等问题，需要对 AGV 系统进行监控。目前，AGV 系统监控有定位器面板，摄像机与 CRT 彩色图像显示器，以及中央记录与报告这几种途径。

第二节　检测过程自动化

一、检测过程自动化概述

（一）检测自动化的目的和意义

制造过程检测自动化，是利用各种自动化检测装置，自动地检测被测量对象的有关参数，不断提供各种有价值的信息和数据（包括被测对象的尺寸、形状、缺陷、加工条件和设备运行状况等）。自动化检测不仅用于被加工零件的质量检查和质量控制，还能自动监控工艺过程，以确保设备的正常运行。随着计算机应用技术的发展，自动化检测的范畴已从单纯对被加工零件几何参数的检测，扩展到对整个生产过程的质量控制，从对工艺过程的监控扩展到实现最佳条件的适应控制生产。因此，自动化检测不仅是质量管理系统的技术基础，也是自动化加工系统不可缺少的组成部分。在先进制造技术中，它还可以更好地为产品质量体系提供技术支持。

实现检测自动化，可以消除人为的误差因素，使检测结果稳定，可信度高。由于采用先进的测量仪器，提高了检测精度，还可以实现实时动态测量。同时，依据测量结果，容易实现对加工过程积极有效的质量控制，从而保证产品质量。此外，采用加工过程中的自动测量，可以使检测过程与加工过程重合，减少了大量辅助时间，提高了生产率，也大大减轻了工人的劳动强度。

值得注意的是，尽管已有众多自动化程度较高的自动检测方式可供选择，但并不意味着任何情况都一定要采用。重要的是根据实际需要，以质量、效率、成本的最优结合来考虑是否采用和采用何种自动检测手段，从而取得最好的技术经济效益。

（二）自动检测的特征信号

在现代制造系统中，产品质量控制已不再停留在传统的检测被加工零件的尺寸精度和粗糙度等几何量的单一的直接测量方式，而是扩大至检测和监控影响产品加工质量的机械设备和加工系统的运行状态，以此间接地、多方面地来保证产品的质量要求和系统运行的可靠性。

机械设备和加工系统的状态变化，必然会在其运行过程中的某些物理量和几何量上得到反映。例如，切削过程中刀具的磨损，会引起切削力、切削力矩、振动等特征量的变化。因此，在采用自动检测和监控方法时，根据加工系统和设备的具体条件，正确选择被测的特征信号是很重要的。

可供选择的检测特征信号较多，因此，选择时必须遵循的准则有：①信号能否准确可靠地反映被测对象和工况的实际状态；②信号是否便于实时和在线检测；③检测设备的通用性和经济性。

在加工系统中常用于产品质量自动检测和控制的特征信号有尺寸和位移、力和力矩、振动、温度、电信号、光信号和声音等。

1. 尺寸和位移

这是最常用作检测信号的几何量。尺寸精度是直接评价加工件质量的依据，只要可能，都应尽量直接检测工件尺寸。但是，在实时和在线条件下，直接测量工件尺寸往往有困难，这时就可对影响工件加工尺寸的机床运动部件（如刀架、溜板或工作台等）的位移量进行检测，以保证获得要求的工件尺寸精度。

2. 力和力矩

力和力矩是机械加工过程中最重要的物理量。它们直接反映加工系统中的工况变化，如切削力、主轴扭力矩等都反映刀具的磨损状态，并间接反映工件的加工质量。但这类特征信号在加工过程中直接计量较困难，通常须通过测量元件或传感器转换成电信号。

3. 振动

振动是加工系统中又一种常见的特征信号。它涉及众多的机床及有关设备的工况和加工质量的动态信息，如刀具的磨损状态、机床运动部件的工作状态等。振动信号便于检测和处理，能得出较精确的测量结果。

4. 温度

在许多机械加工过程中，随着摩擦和磨损的发生和发展，均会随之而出现温度的变化，过高的温度会导致机械系统的变形而降低加工精度，因此，温度也常作为特征信号而被检测和监控。此外，在磨削加工时，如果磨削区温度过高，就会烧伤工件的磨削表面，降低工件的表面质量。

5. 电信号

电信号是人们最熟悉和最便于检测的物理量，特别是在其他物理参数（如主轴转矩）较难直接测量时，就常转换成电信号进行间接检测。因此，在机械加工系统中，检测电信号来控制系统工况以保证加工产品质量是用得最普遍的方法。

6. 光信号

随着激光技术、红外技术及视觉技术的发展和应用，光信号也已经作为特征量用于加工系统的实时检测和监控，如检测工件表面粗糙度、形状和尺寸精度等。

7. 声音

声信号也是一种常见的物理量，它是由弹性介质的振动而引起的。因此，它和振动信号一样可以从一个侧面来反映加工系统的运行情况。

以上所列均为机械加工系统自动检测和监控时常用的系统特征信号。为了保证加工系统的正常运行和产品的高质量，就需要根据实际生产条件和经济条件，正确选取需要进行检测的特征信号和测试设备，或者若干信号的组合检测。

（三）自动检测方法与测量元件

在需要检测的特征参数或信号确定以后或同时，必须选择测量方法和测量元件或传感器。

1. 自动检测方法

自动检测方法可有下列四种分类方式：

（1）直接测量与间接测量

直接测量的测得值及其测量误差，直接反映被测对象及测量误差（如工件的尺寸大小及其测量误差）。在某些情况下，由于测量对象的结构特点或测量条件的限制，要采用直接测量有困难，只能测量另外一个与它有一定关系的量（如测量刀架位移量控制工件尺寸），此即为间接测量。

（2）接触测量和非接触测量

测量器具的量头直接与被测对象的表面接触，量头的移动量直接反映被测参数的变化，称为接触测量。量头不与工件接触，而是借助电磁感应、光束、气压或放射性同位素射线等强度的变化来反映被测参数的变化，称为非接触测量。非接触测量方式的量头由于不与测量对象接触而发生磨损或产生过大的测量力，有利于在对象的运动过程中测量和提高测量精度。故在现代制造系统中，非接触测量方式的自动检测和监控方法具有明显的优越性。

（3）在线测量和离线测量

在加工过程或加工系统运行过程中对被测对象进行检测称为在线测量或在线检验。有时还对测得的数据进行分析并展开进一步处理后，即通过反馈控制系统调整加工过程即以确保加工质量。如果在被测对象加工后脱离加工系统再进行检测，即为离线测量。离线测量的结果往往需要通过人工干预，才能输入控制系统调整加工过程。

（4）全部（100％）检测和抽样统计检测

对每个被测对象全部进行检验或测量，称为全部检测或100％检测。如果只在一批零件中抽样检查和测量，并对测得数据进行统计学分析，并根据分析结果确定整批对象的质量或系统的工作状态，称为抽样统计检测。当前，在用户对产品质量和可靠性要求愈来愈高的情况下，自动检测工作都将在100％的基础上进行，而尽可能不采用抽样方法。

2. 测量元件和传感器

在大批量自动生产中常用的自动检测用传感器的技术性能及特点如表 5-2 所示。

表 5-2 常用传感器的技术性能及特点

类型		示值范围/mm	示值误差/μm	特点
电气	电互感式	±（0.001~1）特殊设计可增大	±（0.05~0.5）	对环境要求低，抗干扰性强，使用方便，信号可进行运算处理，可发多组信号，用于一般测量
	电容式	±（0.003~0.1）特殊设计可增大	±（0.05~0.5）	易受外界干扰，能进行高倍放大以达到高灵敏度，频率特性好
	电接触式	0.2~1	±（1~2）	对振动较敏感，只能指示定值界限，结构简单，电路简单，反应速度快
	光电式	按应用情况而定		易受外界杂光干扰，便于实现非接触测量，反应速度快，用于检测外观、小孔、复杂形状等特殊情况
气动	浮标式	±（0.02~0.25）	±（0.2~1）	放大倍数高（5000倍），工作压力低（67.7kPa），浮标有时出现越位现象
	波纹管式			线性好，反应快，放大倍数中等（3140倍），工作气压115kPa，受气压波动影响小，耗气量小
	膜片式			放大倍数低（1000倍），工作压力高（336~384kPa），可吹掉被测表面污物

在高性能的数控机床上，都配备有位置测量元件和测量反馈控制系统。一般要求测量元件的分辨率在 0.001~0.01mm，测量精度在±0.002~0.02mm/m 之内，并能满足数控机床以 10m/min 以上的最大速度移动。

另外，在具有数显装置的机床上，也采用位置测量元件。

(四) 制造过程中自动检测的内容

一般地，机械加工工艺过程与机械加工工艺系统（机床、刀具、工件、夹具及辅具）的工作状况都属于自动化检测的内容，主要包括：①对工件几何精度的检测与控制；②对刀具工作状态的检测与控制；③对自动化加工工艺过程的监控。

二、工件加工尺寸的自动检测

工件尺寸精度是直接反映产品质量的指标，因此，在绝大多数的加工系统中，都采用直接测量工件尺寸来保证产品质量和系统的正常运行。

(一) 长度尺寸测量

长度测量用的量仪按测量原理可分为机械式量仪、光学量仪、气动量仪和电动量仪。而适于大中批量生产现场测量的，主要有气动量仪和电动量仪两大类。

1. 气动量仪

气动量仪将被测盘的微小位移量转变成气流的压力、流量或流速的变化，然后通过测量这种气流的压力或流量变化，用指示装置指示出来，作为量仪的示值或信号。

气动量仪容易获得较高的放大倍率（通常可达 2000～10 000），测量精度和灵敏度均很高，各种指示表能清晰显示被测对象的微小尺寸变化；操作方便，可实现非接触测量；测量器件结构容易实现小型化，使用灵活；气动量仪对周围环境的抗干扰能力强，广泛应用于加工过程中的自动测量。但对气源的要求高，响应速度略慢。

气动量仪一般由指示转换部分和气动测头组成。

（1）转换部分

气动量仪的指示转换部分可分为流量型和压力型两类。

①压力型气动量仪。压力型气动量仪是通过测量气体的压力变化来确定被测物体的尺寸或位移。当被测物体的尺寸变化导致气路的通流面积变化时，气体的

压力也会发生变化。压力的变化通过压力计或压力传感器转换成电信号，进而显示或记录测量结果。压力型气动量仪适用于测量较大的尺寸变化，具有较好的稳定性。

②流量型气动量仪。流量型气动量仪的工作原理是测量气体的流量变化来确定被测物体的尺寸或位移。当被测物体的尺寸变化导致气路的通流面积变化时，通过的气体流量也会随之变化。流量的变化通过流量计或流量传感器转换成电信号，进而显示或记录测量结果。流量型气动量仪适用于测量较小的尺寸变化，具有较高的灵敏度。

（2）气动测头

气动量仪在测量不同对象时必须配备相应的测头。根据测量方式的不同，气动测头可分为接触式和非接触式两类。在自动化检测中主要采用非接触式测头。

非接触式测头的结构简单，测量时从喷嘴中逸出的压缩空气直接向被测表面喷吹，可以消除或减少工件表面上残留的油、尘或切削液对测量结果的影响，因而使用较为广泛。

2. 电动量仪

电动量仪一般由指示放大部分和传感器组成。电动量仪的传感器大多应用各种类型的电感和互感传感器及电容传感器。

（1）电动量仪的原理

电动量仪一般由传感器、测量处理电路及显示及执行部分所组成。由传感器将工件尺寸信号转化成电压信号，该电压信号经后续处理电路进行整流滤波后，将处理后的电压信号送 LCD 或 LED 显示装置显示，并将该信号送执行器执行相关动作。

（2）电动量仪的应用

各种电动量仪广泛应用于生产现场和实验室的精密测量工作。特别是将各种传感器与各种判别电路、显示装置等组成的组合式测量装置，更是广泛应用于工件的多参数测量。

用电动量仪做各种长度测量时，可应用单传感器测量或双传感器测量。用单传感器测量传动装置测量尺寸的优点是只用一个传感器，节省费用；缺点是由于支撑端的磨损或工件自身的形状误差，有时会导入测量误差，影响测量精度。

（二）形状精度测量

用于形位误差测量的气动量仪在指示转换部位与用于测量长度尺寸的量仪大致是相同的，只是所采用的测头不同（可根据具体情况参照有关手册进行设计）。用电动量仪进行形位误差测量时，与测量尺寸值不一样，往往需要测出误差的最大值和最小值的代数差（峰—峰值），或测出误差的最大值和最小值的代数和的一半（平均值），才能决定被测工件的误差。为此，可用单传感器配合峰值电感测微仪去测量，也可应用双传感器通过"和差演算"法测量。

（三）加工过程中的主动测量装置

加工过程中的主动测量装置一般作为辅助装置安装在机床上。在加工过程中，无须停机测量工件尺寸，而是依靠自动检测装置，在加工的同时自动测量工件尺寸的变化，并根据测量结果发出相应的信号，控制机床的加工过程。

主动测量装置包括直接测量装置和间接测量装置。直接测量装置在加工过程中用量头直接测量工件的尺寸变化，主动监视和控制机床的工作。间接测量装置则依靠预先调整好的定程装置控制机床的执行部件或刀具行程的终点位置来间接控制工件尺寸。

1. 直接测量装置

直接测量装置根据被测表面的不同，可分为检验外圆、孔、平面和检验断续表面等装置。测量平面的装置多用于控制工件的厚度或高度尺寸，大多为单触点测量，其结构比较简单。其余几类装置，由于工件被测表面的形状特性及机床工作特点不同，因而各具有一定的特殊性。

（1）外圆磨削自动测量装置

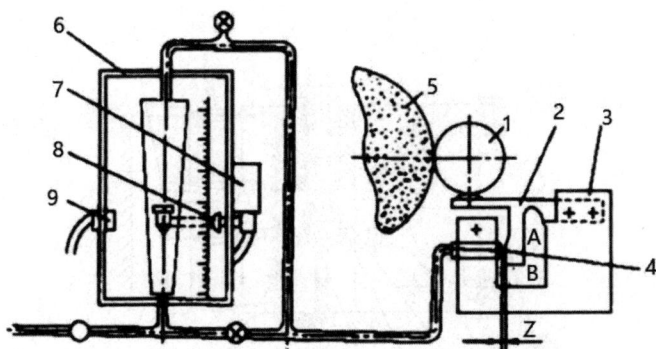

1—工件；2—杠杆；3—量头；4—气动喷嘴；5—砂轮；

6—浮标式气动量仪；7—晶体管光电控制器；

8—灯泡；9—光电传感器

图 5-1　单触点测量装置

图 5-1 所示为单触点测量装置。它由量头 3、浮标式气动量仪 6、晶体管光电控制器 7 和光电传感器 9 所组成。量头 3 安装在磨床工作台上，测量杠杆 2 的硬质合金端面与工件 1 的下母线相接触。另一端面 B 与气动喷嘴 4 之间具有一定的间隙 Z。杠杆 2 的 A 处具有一定的弹性变形，以保持触点对工件的测量力。当工件到达规定的尺寸时，浮标正好切断光电控制器 7 从灯泡 8 发出的光束，于是光电传感器 9 输出一个信号，控制砂轮 5 退出工件。

另外，还有双触点测量装置。双触点测量装置能保证较高的测量稳定性，同时便于自动引进和退离工件，且结构较简单、厚度尺寸小，在自动和半自动的外圆磨床、曲轴磨床上被广泛采用。

（2）断续表面的自动测量装置

测量带有键槽或花键的轴和孔时，必须在量头或测量装置的结构上采取一定的措施，以保证测量示值的准确性和稳定性。

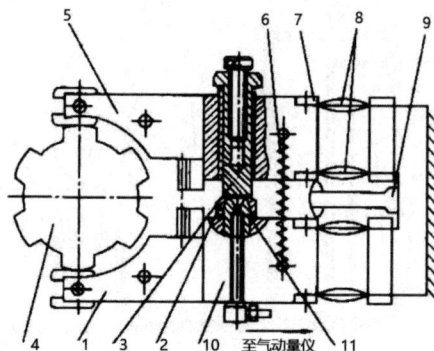

1、5—量杆；2—护帽；3—挡销；4—工件；6—弹簧；

7、10—支撑块；8—片弹簧；9—挡块；11—喷嘴

图 5-2　花键轴外圆磨削自动测量装置

图 5-2 所示为花键轴外圆磨削时的自动测量装置。量杆 1、5 装有硬质合金测量头的一端与工件 4 的外圆表面接触，另一端分别固定在支撑块 7 和 10 上。支撑块 7 和 10 各用两条平行的片弹簧 8 支撑着，弹簧 6 用以对工件产生测量力，挡块 9 用以限制支撑块的行程。支撑块 10 上装有带护帽 2 的测量喷嘴 11，护帽的上端面比喷嘴高 0.1mm。在支撑块 7 上装有可调节螺钉，其端面与喷嘴形成测量气隙。这样当花键槽从量头下通过时，由于护帽 2 的作用，其测量气隙等于 0.1mm，而花键外圆部分与量头接触时，测量气隙的大小取决于工件外径。当花键齿数一定时，在转速恒定的条件下，由于气动量仪存在惯性，所以从喷嘴通往测量气室的压力，是测量键槽和外圆时压力的平均值。由于外径尺寸的变化导致了此平均压力的变化，所以气动量仪发出的信号和示值代表花键轴的外径尺寸。

2. 主动测量装置的主要技术要求

（1）测量装置的杠杆传动比不宜太大，测量链不宜过长，以保证必要的测量精度和稳定性。对于两点式测量装置，其上下两测端的灵敏度必须相等。

（2）工作时，测端应不脱离工件。因测端有附加测力，若测力太大，则会降低测量精度和划伤工件表面；反之，则会导致测量不稳定。当确定测力时，应考虑测量装置各部分质量、测端的自振频率和加工条件，例如机床加工时产生的振动、切削液流量等。一般两点式测量装置测力选取在 0.8~2.5N 之间，三点式测量装置测力选取在 1.5~4N 之间，三点式测量装置测力选取在 1.5~4N 之间。

（3）测端材料应十分耐磨，可采用金刚石、红宝石、硬质合金等。

（4）测臂和测端体应用不导磁的不锈钢制作，外壳体用硬铝制作。

（5）测量装置应有良好的密封性。无论是测量臂和机壳之间，传感器和引出导线之间，还是传感器测杆与套筒之间，均应有密封装置，以防止切削液进入。

（6）传感器的电缆线应柔软，并有屏蔽，其外皮应是防油橡胶。

（7）测量装置的结构设计应便于调整，推进液压缸应有足够的行程。

三、刀具磨损和破损的检测与监控

刀具的磨损和破损，与自动化加工过程的尺寸加工精度和系统的安全可靠性具有直接关系。因此，在自动化制造系统中，必须设置刀具磨损、破损的检测与监控装置，用以防止可能发生的工件成批报废和设备事故。

（一）刀具磨损的检测与监控

1. 刀具磨损的直接检测与补偿

在加工中心或柔性制造系统中，加工零件的批量不大，且常为混流加工。为了保证各加工表面应具有的尺寸精度，较好的方法是直接检测刀具的磨损量，并通过控制系统和补偿机构对相应的尺寸误差进行补偿。

刀具磨损量的直接测量，对于切削刀具，可以测量刀具的后刀面、前刀面或刀刃的磨损量；对于磨削，可以测量砂轮半径磨损量；对于电火花加工，可以测量电极的耗蚀量。

当镗刀停在测量位置时，测量装置移近刀具并与刀刃接触，磨损测量传感器从刀柄的参考表面上测取读数，刀刃与参考表面两次相邻的读数变化即为刀刃的磨损之量。测量过程、数据的计算和磨损值的补偿过程都可以由计算机系统进行控制和完成。

2. 刀具磨损的间接测量和监控

在大多数切削加工过程中，刀具的磨损区往往被工件、其他刀具或切屑所遮盖，很难直接测量刀具的磨损值，因此多采用间接测量方式。除工件尺寸外，还可以将切削力或力矩、切削温度、振动参数、噪声和加工表面粗糙度等作为衡量刀具磨损程度的判据。

（1）以切削力为判据

切削力的测量原理：切削力是刀具与工件材料相互作用产生的力，包括主切削力、进给抗力和切深抗力三个分量。刀具磨损会导致切削力的变化，因为磨损改变了刀具与工件的接触面积和切削条件。

切削力的测量方法：可以使用力传感器直接测量切削过程中的切削力。通过在机床上安装的测力仪或使用工具系统内置的力传感器来实现实时监测。

切削力与刀具磨损的关系：刀具磨损初期，切削力可能会增加，因为磨损使刀具的切削刃变钝，增加了切削阻力。随着磨损的进一步发展，切削力可能会趋于稳定或略有下降，因为磨损的刀具可能使切削条件更加"顺滑"。

数据分析与判据建立：通过收集和分析切削过程中的力信号数据，可以建立刀具磨损与切削力变化之间的关系模型。利用统计方法或机器学习算法，可以从切削力的变化中识别出刀具磨损的特征和趋势。

实时监控与预警系统：将切削力的测量结果与预设的阈值或模型进行比较，实现刀具磨损的实时监控。当切削力的变化超过设定的阈值时，系统可以发出预警，提示操作者进行刀具更换或维护。

多参数融合监控：除了切削力之外，还可以结合切削温度、振动、噪声、表面粗糙度等其他参数，进行多参数融合分析，以提高刀具磨损监控的准确性和可靠性。

智能化监控系统：随着智能制造技术的发展，可以利用物联网、大数据和人工智能技术，开发智能化的刀具磨损监控系统。这些系统能够自动收集数据、分析状态、预测维护时间，甚至实现自适应控制，优化切削过程。

（2）以振动信号为判据

振动信号对刀具磨损和破损的敏感程度仅次于切削力和切削温度。在刀架的垂直方向安装一个加速度计拾取和引出振动信号，通过电荷放大器、滤波器、模数转换器后，送入计算机进行数据处理和比较分析。在判别出刀具磨损的振动特征量超过允许值时，控制器发出换刀信号。须指出的是，由于刀具的正常磨损与异常磨损之间界限的不确定性，要事先确定一个设定值较困难，最好采用模式识别方法构造判别函数，并且能在切削过程中自动修正设定值，才能得到在线监控的正确结果。此外，还须排除这一过程中的干扰因素和正确选择振动参数的敏感频段。

（二）刀具破损的监控方法

1. 探针式监控

这种方法多用来测量孔的加工深度，同时间接地检查出孔加工刀具（钻头）的完整性，尤其是对于在加工中容易折断的刀具，如直径 10～12mm 以内的钻头。这种检测方法结构简单，使用很广泛。

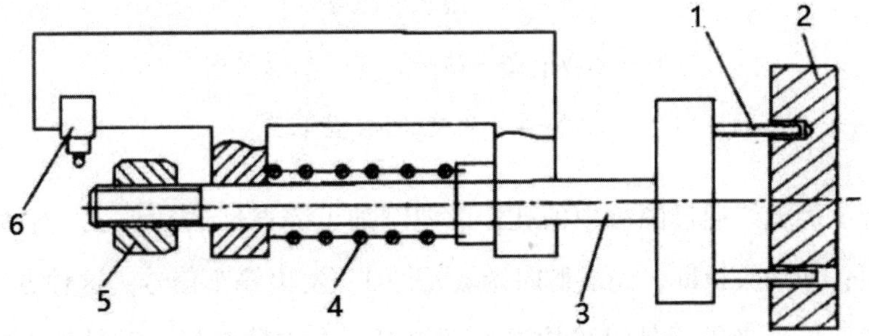

1—探针；2—工件；3—滑杆；

4—弹簧；5—挡铁；6—限位开关

图 5-3　探针式检查装置

其原理如图 5-3 所示，装有探针 1 的检查装置装在机床移动部件（如滑台、主轴箱）上，探针向右移动，进入工件 2 的已加工孔内，当孔深不够或有折断的钻头和切屑堵塞时，探针板压缩滑杆 3，克服弹簧 4 力而后退，使挡铁 5 压下限位开关 6，发出下一道工序不能继续进行的信号。但这种故障信号只能使自动线完成这一工作循环后才不再进行，而不能立即停止自动线的工作，因为立即停止工作易使自动线上的刀具损坏。

2. 光电式监控

采用光电式监控装置可以直接检查钻头是否完整或折断，如图 5-4 所示。

1—光源；2—钻头；3—光敏元件

图 5-4　光电式检查装置

光源 1 的光线通过隔板中的孔，射向刚加工完退回的钻头 2，如钻头完好，光线受阻；如钻头折断，光线射向光敏元件 3，发出停车信号。这种方法属非接触式检测，一个光敏元件只可检查一把刀具，在主轴密集、刀具集中时不好布置，信号必须经放大，控制系统较复杂，还容易受切屑干扰。

3. 气动式监控

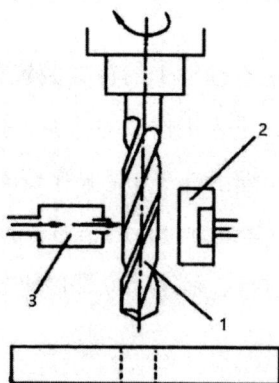

1—钻头；2—气动压力开关；3—喷嘴

图 5-5　气动式检查装置

这种监控方式的工作原理和布置与光电式监控装置相似，如图 5-5 所示。钻头 1 返回原位后，气阀接通，气流从喷嘴 3 射向钻头 1，当钻头 1 折断时，气流就冲向气动压力开关 2，发出刀具折断信号。这种方法的优缺点及适用范围与光电式监控装置相同，但同时还有清理切屑的作用。

四、自动化加工过程的在线监测和补偿

自动线作为实现机械加工自动化的一种途径，在大批量生产领域已具有很高的生产率和良好的技术经济效果。自动线需要检测的项目包括被加工工件的工艺参数，刀具的使用状况，以及自动线本身的加工状况和设备信息。前面已对工件尺寸的自动测量及刀具磨损和破损的自动测量进行了简要介绍，本节将对刀具和工件尺寸测量基础上的自动补偿系统进行简要介绍。

（一）刀具尺寸控制系统的概念

刀具尺寸控制系统是指对加工时工件已加工面尺寸进行在线（在机床内）自动测量。当刀具由于磨损等，使工件尺寸变化达到某一预定值时，控制装置发出指令，操纵补偿装置，使刀具按指定值进行径向微量位移，以补偿工件尺寸的变化，使之严格控制在公差范围内。

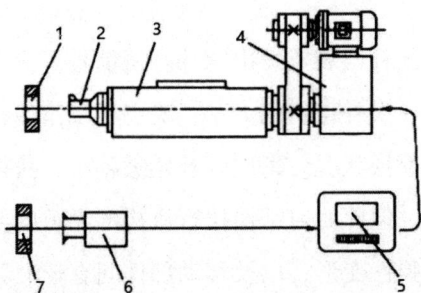

1—待加工工件；2—镗杆；3—镗头；4—自动补偿装置；

5—控制装置；6—量头；7—测量工位工件

图 5-6　尺寸控制系统

图 5-6 是典型的刀具尺寸控制系统图。刚加工好的工件 7 由量头 6 进行测量，测量结果反映在控制装置 5 上。当工件尺寸变化达到某一预定值时，控制装置向自动补偿装置 4 发出补偿指令。通过镗头 3 使镗杆 2 产生微量的径向位移，以补偿由于刀具磨损或其他因素引起的尺寸变化。进行补偿后，再开始加工下一

个工件。

（二）刀具补偿装置的工作原理

目前，在金属切削加工中，自动补偿装置多采用尺寸控制原则，即在工件完成加工后，自动测量其实际尺寸，当工件尺寸超出某一规定的范围时，测量装置发出信号，控制补偿装置，自动调整机床的执行机构，或对刀具进行调整以补偿尺寸上的偏差。

自动补偿系统一般由测量装置、信号转换或控制装置以及补偿装置组成。自动补偿系统的测量和补偿过程是滞后于加工过程的，为了保证在对前一个工件进行测量和发出补偿信号时，后一个工件不会成为废品，就不能在工件已达到极限尺寸时才发出补偿信号。一般应使发出补偿信号的界限尺寸在工件的极限尺寸以内，并留有一定的安全带。

为了避免偶然误差的影响，测量控制信号在送入补偿装置之前，须经过适当处理。通常，当某一个工件的尺寸进入补偿带时，并不立即进行补偿，而是将次测量信号储存起来，必须当连续出现几个补偿信号时，补偿装置才会得到动作信号。

测量控制装置大多向补偿装置发出脉冲补偿信号，或者补偿装置在接收信号以后进行脉动补偿。每一次补偿量的大小，决定于工作的精度要求，即尺寸公差带的大小，以及刀具的磨损状况。每次的补偿量越小，获得的补偿精度越高，工件的尺寸分散度也越小。但此时对补偿执行机构的灵敏度要求也越高。当补偿装置的传动副存在间隙和弹性变形，以及移动部件间有较大摩擦阻力时，就很难实现均匀而准确的补偿运动。

（三）刀具补偿装置的典型机构与应用

采用尺寸控制原则的自动补偿装置多用于下述两种情况：①用调整法加工的磨床，如无心磨床、立轴式和卧轴式的双端面磨床等，补偿运动多由补偿装置驱动砂轮座或导轨座来实现。②用于精加工的自动化镗床，补偿运动大多由特殊结构的镗刀杆实现。

下面列举一些刀具补偿装置的应用实例。

1. 双端面磨床的自动补偿装置

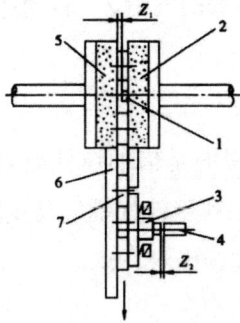

1—喷嘴；2、5—砂轮；3—挡板；

4—气动喷嘴；6—定位板；7—工件

图 5-7 自动测量示意图

如图 5-7 所示为磨削轴承双端面的情形，机床有左右两个砂轮 2 和 5，被磨削工件 7 从两个砂轮间通过，同时磨削两个端面，气动量仪的喷嘴 1 用于测量砂轮 5 相对于定位板 6 的位置，并保证定位板 6 比砂轮 5 的工作面低一个数值△，以保证工件顺利输出。已加工工件 7 的厚度由挡板 3、气动喷嘴 4 进行测量。如果砂轮 5 磨损了，则气隙 Z_1 变大，气动量仪将发出信号，使砂轮 5 进行补偿；如果工件尺寸过厚，则气隙 Z_2 将变小，气动量仪也将发出信号，使砂轮 2 进行补偿。

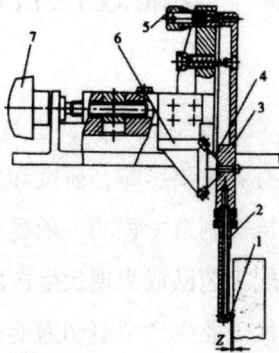

1—喷嘴；2—管；3—挡板；4—片弹簧；

5—螺钉；6—支架；7—手轮

图 5-8 测量砂轮的喷嘴装置

测量砂轮 5 的气动喷嘴如图 5-8 所示。喷嘴 1 装在管 2 上，管 2 与挡板 3 相连接，通过片弹簧 4 将挡板 3 装在支架上。转动手轮 7，即可将支架 6 连同挡板 3 移动，使喷嘴与砂轮保持所要求的气隙 Z。转动螺钉 5 及管 2，即可将喷嘴 1 的端面调整得与砂轮的工作面平行。

2. 镗孔刀具的自动补偿装置

镗刀的自动补偿方式最常用的是借助镗杆或刀夹的特殊结构来实现补偿运动。这一方式又可分为两类：①利用镗杆轴线与主轴回转轴线的偏心进行补偿；②利用镗杆或刀夹的弹性变形实现微量补偿。

这里仅介绍变形补偿装置。

压电晶体式自动补偿装置是一种典型的变形补偿装置。它是利用压电陶瓷的电致伸缩效应来实现刀具补偿运动的。例如，石英、钛酸钡等一类离子型晶体，由于结晶点阵的规则排列，在外力作用下产生机械变形时，就会产生电极化现象，即在承受外力的相应两个表面上出现正负电荷，形成电位差，这就是压电效应。反之，晶体在外加直流电压的作用下，就会产生机械变形，这就是电致伸缩效应。

该装置的特点是径向尺寸大，适于大直径孔的加工。压电陶瓷管本身就是驱动装置，结构简单，控制方便，但不能进行反向补偿及自动复位，需要设置引入电源的电刷等。

第三节　装配过程自动化

装配是整个生产系统的一个主要组成部分，也是机械制造过程的最后环节。装配对产品的成本和生产效率有着重要影响，研究和发展新的装配技术，大幅提高装配质量和装配生产效率是机械制造工程的一项重要任务。相对于加工技术而言，装配技术落后许多年，装配工艺已成为现代生产的薄弱环节。因此，实现装配过程的自动化越来越成为现代工业生产中迫切需要解决的一个重要问题。

一、装配过程自动化概述

（一）装配自动化在现代制造业中的重要性

装配过程是机械制造过程中必不可少的环节。人工操作的装配是一个劳动密集型的过程，生产率是工人执行某一具体操作所花费时间的函数，其劳动量在产品制造总劳动量中占有相当高的比重。随着先进制造技术的应用，制造零件劳动量的下降速度比装配劳动量下降速度快得多，如果仍旧采用人工装配的方式，该比值还会提高。据有关资料统计分析，一些典型产品的装配时间占总生产时间的53％左右，是花费最多的生产过程，因此提高装配效率是制造工业中亟须解决的关键问题之一。

装配自动化（assembly automation）是实现生产过程综合自动化的重要组成部分。其意义在于提高生产效率、降低成本、保证产品质量，特别是减轻或取代特殊条件下的人工装配劳动。

装配是一项复杂的生产过程。人工操作已经不能与当前的社会经济条件相适应，因为人工操作既不能保证工作的一致性和稳定性，又不具备准确判断、灵巧操作，并赋以较大作用力的特性。同人工装配相比，自动化装配具备如下优点：

一是装配效率高，产品生产成本下降。尤其是在当前机械加工自动化程度不断得到提高的情况下，装配效率的提高对产品生产效率的提高具有更重要的意义。

二是自动装配过程一般在流水线上进行，采用各种机械化装置来完成劳动量最大和最繁重的工作，大大降低了工人的劳动强度。

三是不会因工人疲劳、疏忽、情绪、技术不熟练等的影响而造成产品质量缺陷或不稳定。

四是自动化装配所占用的生产面积比手工装配完成同样生产任务的工作面积要小得多。

五是在电子、化学、宇航、国防等行业中，许多装配操作需要特殊环境，人类难以进入或非常危险，只有自动化装配才能保障生产安全。

随着科学技术的发展和进步，在机械制造业，CNC、FMC、FMS 的出现逐步取代了传统的制造技术，它们不仅具备高度自动化的加工能力，而且具有对加工对象的灵活性。如果只有加工技术的现代化，没有装配技术的自动化，FMS 就成了自动化孤岛。装配自动化的意义还在于它是 CIMS 的重要组成部分。

（二）装配自动化的任务及应用范围

所谓装配，就是通过搬送、连接、调整、检查等操作把具有一定几何形状的物体组合到一起。

在装配阶段，整个产品生产过程中各个阶段的工艺和组织的因素都汇集到了一起。由于在现代化生产中广泛地使用装配机械，因而装配机械特别是自动化装配机械得到空前发展。

装配机械是一种特殊的机械。它区别于通常用于加工的各种机床。装配机械是为特定的产品而设计制造的，具有较高的开发成本，而在使用中只有很少或完全不具有柔性。所以，最初的装配机械只是为大批量生产而设计的。自动化的装配系统用于中小批量生产还是近几年的事。这种装配系统一般都由可以自由编程的机器人作为装配机械。除了机器人以外，其他部分也要能够改装和调整。此外，还要有具有柔性的外围设备。例如，零件仓储，可调的输送设备，连接工具库、抓钳及它们的更换系统。柔性是一种系统的特性，使这种系统能够适应生产的变化。对于装配系统来说，就是要在同一套设备上同时或者先后装配不同的产品（产品柔性）。柔性装配系统的效率不如高度专用化的装配机械。往复式装配机械可以达到每分钟 10~60 拍（大多数的节拍时间为 2.5~4s）；转盘式装配机械最高可以达到每分钟 2 000 拍。当然，所装配的产品很简单，例如链条等；所执行的装配动作也很简单，如铆接、充填等。

对于大批量生产（年产量 100 万件以上）来说，专用的装配机械是合算的。工件长度可以大于 100mm，质量可以超过 50g。典型的装配对象如电器产品、开关、钟表、圆珠笔、打印机墨盒、剃须刀、刷子等，它们需要各种不同的装配过程。

从创造产品价值的角度来考虑，装配过程可以按时间分为两部分：主装配和辅装配。连接本身作为主装配只占 35%~55% 的时间。所有其他功能，如给料，均属于辅装配，设计装配方案必须尽可能压缩这部分时间。

自动化装配机械，尤其是经济的和具有一定柔性的自动化装配机械，被称为高技术产品。按其不同的结构方式常被称为"柔性特种机械"或"柔性节拍通道"。圆形回转台式自动化装配机由于其较高的运转速度和可控的加速度而备受青睐。环台式装配机械，无论是环内操作还是环外操作或二者兼备的结构，都是很实用的结构方式。

现代技术的发展使得人们能够为复杂的装配功能找到解决的方法。尽管如此，全自动化的装配至今仍然只是在有限的范围是现实的和经济的。由于装配机械比零件制造机械具有更强的针对性，因而装配机械的采用更需要深思熟虑，需要做大量的准备工作，不能简单片面地追求自动化，而应本着实用可靠而又能适应产品发展的原则，采用适当的自动化程度，应用现代的计划方法和控制手段。

（三）装配自动化的基本要求

要实现装配自动化，必须具备一定的前提条件，主要有如下三个方面：

1. 生产纲领稳定，且年产量大、批量大，零部件的标准化、通用化程度较高

生产纲领稳定是装配自动化的必要条件。目前，自动装配设备基本上属于专用设备，生产纲领改变，原先设计制造的自动装配设备就不再适用，即使修改后能加以使用，也将造成设备费用增加，耽误时间，在技术上和经济上都不合理。年产量大、批量大，有利于提高自动装配设备的负荷率。零部件的标准化、通用化程度高，可以缩短设计、制造周期，降低生产成本，有可能获得较高的技术经济效果。

与生产纲领有联系的其他一些因素，如装配件的数量、装配件的加工精度及加工难易程度、装配复杂程度和装配过程劳动强度、产量增加的可能性等，也会对装配自动化的实现产生一定影响。现以小型精密产品（或部件）为例，说明实现装配自动化必须具备的一般条件，如表5-3所示。

表 5-3　小型精密产品或部件实现装配自动化的一般条件

与生产纲领有关的一般条件	实现自动化装配的适合程度		
	很适合	比较适合	不适合
生产纲领	>500 套/h	200~500 套/h	<200 套/h
生产纲领稳定性	5 年内品种不变	3 年内品种不变	两三年内有可能变化
产量增加的可能性	大	较大	不增加
装配件数量	4~7	8~15	>15
装配件的加工精度	高	一般	低
装配复杂程度	简单	一般	复杂
要求装配工人的熟练程度	低	一般	高
手工装配劳工强度	大	一般	低
装配过程中的危险性	有	有	无

2. 产品具有较好的自动装配工艺性

尽量要做到：结构简单，装配零件少；装配基准面和主要配合面形状规则，定位精度易于保证；运动副应易于分选，便于达到配合精度；主要零件形状规则、对称，易于实现自动定向等。

3. 实现装配自动化以后，经济上合理，生产成本降低

装配自动化包括零部件的自动给料、自动传送及自动装配等内容，它们相互紧密联系。自动给料包括装配件的上料、定向、隔料、传送和卸料的自动化。自动传送包括装配零件由给料口传送至装配工位的自动传送，以及装配工位与装配工位之间的自动传送。自动装配包括自动清洗、自动平衡、自动装入、自动过盈连接、自动螺纹连接、自动黏接和焊接、自动检测和控制、自动试验等。

所有这些工作都应在相应控制下，按照预定方案和路线进行。实现给料、传送、装配自动化以后，就可以提高装配质量和生产效率，产品合格率高，劳动条件改善，生产成本降低。

二、自动装配工艺过程分析和设计

（一）自动装配条件下的结构工艺性

结构工艺性是指产品和零件在保证使用性能的前提下，力求能够采用生产率高、劳动量小、材料消耗少和生产成本低的方法制造出来。自动装配工艺性好的产品零件，便于实现自动定向、自动供料、简化装配设备、降低生产成本。因此，在产品设计过程中，应采用便于自动装配的工艺性设计准则，以提高产品的装配质量和工作效率。

在自动装配条件下，零件的结构工艺性应符合便于自动供料、利于零件自动传送和利于自动装配作业三项设计原则。

1. 便于自动供料

自动供料包括零件的上料、定向、输送、分离等过程的自动化。为使零件有利于自动供料，产品的零件结构应符合以下各项要求：

（1）零件的几何形状力求对称，便于定向处理。

（2）如果零件由于产品本身结构要求不能对称，则应使其不对称程度合理

扩大，便于自动定向。如质量、外形、尺寸等的不对称性。

（3）零件的一端做成圆弧形，这样易于导向。

（4）某些零件自动供料时，必须防止镶嵌在一起。如有通槽的零件，具有相同内外锥度表面时，应使内外锥度不等，防止套入"卡住"。

2. 利于零件自动传送

装配基础件和辅助装配基础件的自动传送，包括给料装置至装配工位以及装配工位之间的传送。其具体要求如下：

（1）为易于实现自动传送，零件除具有装配基准面以外，还须考虑装夹基准面，供传送装置装夹或支承。

（2）零部件的结构应带有加工的面和孔，供传送中定位。

（3）零件外形应简单、规则、尺寸小、重量轻。

3. 利于自动装配作业

（1）零件的尺寸公差及表面几何特征应保证按完全互换的方法进行装配。

（2）零件数量尽可能少，同时应减少紧固件的数量。

（3）尽量减少螺纹连接，采用适应自动装配条件的连接方式，如采用黏接、过盈、焊接等。

（4）零件上尽可能采用定位凸缘，以减少自动装配中的测量工作，如将压配合的光轴用阶梯轴代替等。

（5）基础件设计应为自动装配的操作留有足够的位置。

（6）零件的材料若为易碎材料，宜用塑料代替。

（7）为便于装配，零件装配表面应增加辅助定位面。

（8）最大限度地采用标准件和通用件。这样不仅可以减少机械加工，而且可以加大装配工艺的重复性。

（9）避免采用易缠住或易套在一起的零件结构，不得已时，应设计可靠的定向隔离装置。

（10）产品的结构应能以最简单的运动把零件安装到基准零件上去。最好是使零件沿同一个方向安装到基础件上去，这样在装配时没有必要改变基础件的方向，以减少安装工作量。

（11）如果装配时配合的表面不能成功地用作基准，则在这些表面的相对位置必须给出公差，且使在此公差条件下基准误差对配合表面的位置影响最小。

（二）自动装配工艺设计的一般要求

自动装配工艺比人工装配工艺设计要复杂得多，通过手工装配很容易完成的工作，有时采用自动装配却要设计复杂的机构与控制系统。因此，为使自动装配工艺设计先进可靠，经济合理，在设计中应注意如下八个问题：

1. 自动装配工艺的节拍应同步

自动装配设备中，多工位刚性传送系统多采用同步方式，故有多个装配工位同时进行装配作业。为使各工位工作协调，并提高装配工位和生产场地的效率，必然要求各工位装配工作节拍同步。

装配工序应力求可分，对装配工作周期较长的工序，可同时占用相邻的几个装配工位，使装配工作在相邻的几个装配工位上逐渐完成来平衡各个装配工位上的工作时间，使各个装配工位的工作节拍相等。

2. 除正常传送外宜避免或减少装配基础件的位置变动

自动装配过程是将装配件按规定顺序和方向装到装配基础件上。通常，装配基础件需要在传送装置上自动传送，并要求在每个装配工位上准确定位。因此，在自动装配过程中，应尽量减少装配基础件的位置变动，如翻身、转位、升降等动作，以避免重新定位。

3. 合理选择装配基准面

装配基准面通常是精加工面或是面积大的配合面，同时应考虑装配夹具所必需的装夹面和导向面。只有合理选择装配基准面，才能保证装配定位精度。

4. 对装配零件进行分类

为提高装配自动化程度，就必须对装配件进行分类。多数装配件是一些形状比较规则、容易分类分组的零件。按几何特性，零件可分为轴类、套类、平板类和小杂件四类；再根据尺寸比例，每类又分为长件、短件、匀称件三组。经分类分组后，可采用相应的料斗装置实现装配件的自动供料。

5. 关键件和复杂件的自动定向

形状比较规则的多数装配件可以实现自动供料和自动定向；还有少数关键件和复杂件不易实现自动供料和自动定向，并且往往成为自动装配失败的一个原因。对于这些自动定向十分困难的关键件和复杂件，为不使自动定向机构过分复杂，采用手工定向或逐个装入的方式，在经济上更合理。

6. 易缠绕零件的定量隔离

装配件中的螺旋弹簧、纸箔垫片等都是容易缠绕粘连的，其中尤以小尺寸螺旋弹簧更易缠绕，其定量隔料的主要方法有以下两种：

（1）采用弹射器将绕簧机和装配线衔接。其具体特征为：经上料装置将弹簧排列在斜槽上，再用弹射器一个一个地弹射出来，将绕簧机与装配线衔接，由绕簧机统制出一个，即直接传送至装配线，避免弹簧相互接触而缠绕。

（2）改进弹簧结构。具体做法是在螺旋弹簧的两端各加两圈紧密相接的簧圈来防止它们在纵向相互缠绕。

7. 精密配合副要进行分组选配

自动装配中精密配合副的装配由选配来保证。根据配合副的配合要求（如配合尺寸、质量、转动惯量等）来确定分组选配，一般可分 3～20 组。分组数越多，配合精度越高。选配、分组、储料的机构越复杂，占用车间的面积和空间尺寸也越大。因此，一般分组不宜太多。

8. 装配自动化程度的确定

装配自动化程度根据工艺的成熟程度和实际经济效益确定。其具体方法如下：

（1）在螺纹连接工序中，多轴工作头由于对螺纹孔位置偏差的限制较严，又往往要求检测和控制拧紧力矩，导致自动装配机构十分复杂。因此，宜多用单轴工作头，且检测拧紧力矩多用手工操作。

（2）形状规则、对称而数量多的装配件易于实现自动供料，故其供料自动化程度较高。复杂件和关键件往往不易实现自动定向，所以自动化程度宜较低。

（3）装配零件送入储料器的动作以及装配完成后卸下产品或部件的动作，自动化程度较低。

（4）装配质量检测和不合格件的调整、剔除等项工作自动化程度宜较低，可用手工操作，以免自动检测头的机构过分复杂。

（5）品种单一的装配线，其自动化程度常较高，多品种则较低，但随着装配工作头的标准化、通用化程度的日益提高，多品种装配的自动化程度也可以提高。

（6）对于尚不成熟的工艺，除采用半自动化外，还需要考虑手动的可能性；对于采用自动或半自动装配而实际经济效益不显著的工序，宜同时采用人工监视或手工操作。

（7）在自动装配线上，下列各项装配工作一般应优先达到较高的自动化程度：①装配基础件的工序间传送，包括升降、摆转、翻身等改变位置的传送；②装配夹具的传送、定位和返回；③形状规则而又数量多的装配件的供料和传送；④清洗作业、平衡作业、过盈连接作业、密封检测等工序。

（三）自动装配工艺设计

1. 产品分析和装配阶段的划分

装配工艺的难度与产品的复杂性成正比，因此，设计装配工艺前，应认真分析产品的装配图和零件图。零部件数目大的产品则须通过若干装配操作程序完成，在设计装配工艺时，整个装配工艺过程必须按适当的部件形式划分为几个装配阶段进行。部件的一个装配单元形式完成装配后，必须经过检验，合格后再以单个部件与其他部件继续装配。

2. 基础件的选择

装配的第一步是基础件的准备。基础件是整个装配过程中的第一个零件。往往是先把基础件固定在一个托盘或一个夹具上，使其在装配机上有一个确定的位置。这里基础件是在装配过程只须在其上面继续安装其他零部件的基础零件（往往是底盘、底座或箱体类零件)，基础件的选择对装配过程有重要影响。在回转式传送装置或直线式传送装置的自动化装配系统中，也可以把随行夹具看成基础件。

三、自动装配的部件

（一）运动部件

装配工作中的运动包括：①基础件、配合件和连接件的运动。②装配工具的运动。③完成的部件和产品的运动。

运动是坐标系中的一个点或一个物体与时间相关的位置变化（包括位置和方

向），输送或连接运动可以基本上划分为直线运动和旋转运动。因此每一个运动都可以分解为直线单位或旋转单位，它们作为功能载体被用来描述配合件运动的位置和方向以及连接过程。按照连接操作的复杂程度，连接运动常被分解成三个坐标轴方向的运动。

重要的是配合件与基础件在同一坐标轴方向运动，具体由配合件还是由基础件实现这一运动并不重要。工具相对于工件运动，这一运动可以由工作台执行，也可以由一个模板带着配合件完成，还可以由工具或工具、工件双方共同来执行。

（二）定位机构

出于各种技术方面的原因（惯性、摩擦力、质量改变、轴承的润滑状态），运动的物体不能精确地停止。在装配中最经常遇到的是工件托盘和回转工作台，这两者都需要一种特殊的止动机构，以保证其停止在精确的位置。

装配对定位机构的要求非常高，它必须能承受很大的力量，还必须能精确地工作。

四、自动装配机械

装配机是一种按一定时间节拍工作的机械化的装配设备。有时也需要手工装配与之配合。装配机所完成的任务是把配合件往基础件上安装，并把完成的部件或产品取下来。

随着自动化的向前发展，装配工作（包括迄今为止仍然靠手工完成的工作）可以利用机器来实现，产生了一种自动化的装配机械，即实现了装配自动化。自动装配机械按类型可分为单工位装配机与多工位装配机两种。为了解决中小批量生产中的装配问题，人们进一步发明了可编程的自动化的装配机，即装配机器人。它的应用不再是只能严格地适应一种产品的装配，而是能够通过调整完成相似的装配任务。

（一）单工位自动装配机

单工位装配机只有单一的工位，没有传送工具的介入，只有一种或几种装配操作。这种装配机的应用多限于只由几个零件组成，且不要求有复杂的装配动作的简单部件。在这种装配机上同时进行几个方向的装配是可能的，且是经常使用的方法。这种装配机的工作效率可达到每小时 30～12 000 个装配动作。

单工位装配机在一个工位上执行一种或几种操作，没有基础件的传送，比较适合于在基础件的上方定位并进行装配操作。其优点是结构简单，可以装配最多由六个零件组成的部件。通常适用于两到三个零部件的装配，且装配操作必须按顺序进行。

这种装配机的典型应用是在电子工业和精密工具行业，例如接触器的装配。

（二）多工位自动装配机

对三个零件以上的产品通常用多工位装配机进行装配，装配操作由各个工位分别承担。多工位装配机需要设置工件传送系统，传送系统一般有回转式或直进式两种。

工位的多少由操作的数目来决定，如进料、装配、加工、试验、调整、堆放等。传送设备的规模和范围由各个工位布置的多种可能性决定。各个工位之间有适当的自由空间，使得一旦发生故障，可以方便地采取补偿措施。一般螺钉拧入、冲压、成型加工、焊接等操作的工位与传送设备之间的空间布置小于零件送料设备与传送设备之间的布置。

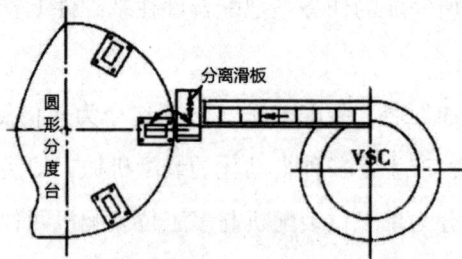

图 5-9　按零件供料方向进料

图 5-9 表示零件定位和进料方向是一致的，采用这种布置时，进料轨道可以通过回转工作台的中心。

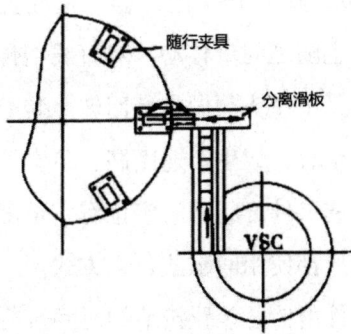

图 5-10　横向进料

　　图 5-10 表示零件定位和进料方向呈 90° 夹角，采用这种布置时，进料轨道应放在与回转工作台相切的位置，以便保持零件的正确装配位置。回转式布置会形成回转工作台上若干闲置工位，直进式传送设备也有类似的情况。自动装配机的总利用率主要决定于各个零件进料工位的工作可靠程度，因此进料装置要求具有较高的可靠性。

　　装配机的工位数多少基本上已决定了设备的利用率和效率。装配机的设计又常受工件传送装置的具体设计要求制约。这两条规律是设计自动装配机的主要依据。

　　检测工位布置在各种操作工位之后，可以立即检查前面操作过程的执行情况，并能引入辅助操作措施。

（三）工位间传送方式

　　装配基础件在工位间的传送方式有连续传送和间歇传送两类。

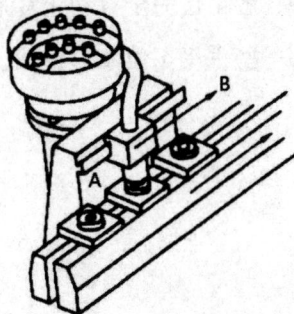

图 5-11　带往复式装配工作头的连续传送装配方式

图 5-11 所示为带往复式装配工作头的连续传送配置方式。装配基础件连续传送，工位上装配的工作头也随之同步移动。对直线型传送装置，工作头须做往复移动；对回转式传送装置，工作头须做往复回转。装配过程中，工件连续恒速传送，装配作业与传送过程重合，故生产速度高，节奏性强，但不便于采用固定式装配机械，装配时工作头和工件之间相对定位有一定困难。目前除小型简单工件采用连续传送方式外，一般都使用间歇式传送方式。

间歇传送中，装配基础件由传送装置按节拍时间进行传送，装配对象停在装配工位上进行装配，作业一完成即传送至下一工位，便于采用固定式装配机械，避免装配作业受传送平稳性的影响。按节拍时间特征，间歇传送方式又可以分为同步传送和非同步传送两种。

间歇传送大多数是同步传送，即各工位上的装配件每隔一定的节拍时间都同时向下一工位移动。对小型工件来说，由于装配夹具比较轻小，传送时间可以取得很短，因此实用上对小型工件和节拍小于十几秒的大部分制品的装配，可采取这种固定节拍的同步传送方式。

同步传送方式的工作节拍是最长的工序时间与工位间传送时间之和，工序时间较短的其他工位上存在一定的等工浪费，并且一个工位发生故障时，全线都会受到停车影响。为此，可采用非同步传送方式。

非同步传送方式不但允许各工位速度有波动，而且可以把不同节拍的工序组织在一个装配线中，使平均装配速度趋于提高，而且个别工位出现短时间可以修复的故障时不会影响全线工作，设备利用率也得以提高，适用于操作比较复杂而又包括手工工位的装配线。

实际使用的装配线中，各工位完全自动化常是没有必要的，出于技术上和经济上的原因，多数以采用一些手工工位较为合理，因而非同步传送方式就采用得越来越多。

第六章　智能制造与工业机器人

第一节　工业机器人概述

一、工业机器人的定义

工业机器人是一种自动或半自动的机器，能够接收输入（通常是电信号），并将其转换为精确的物理运动。

工业机器人是现代自动化技术的高级产物，广泛应用于制造业、装配线、物料搬运、包装、检验等多个领域。它们的设计旨在提高生产效率、精确度和安全性，同时减少人工成本和错误率。具体来说，工业机器人具有以下关键特点。

1. 自动或半自动操作

这意味着机器人可以根据预设的程序自主完成任务，或者在人类操作员的监督和干预下进行工作。

2. 接收输入信号

这些输入可以是电信号，如来自传感器的数据、计算机指令或其他电子设备的信号，也可能是编程指令。输入信号告诉机器人何时开始工作、如何移动以及执行哪些特定任务。

3. 转换为物理运动

机器人内部的控制系统将接收到的信号转化为具体的机械动作。这涉及复杂的算法和精密的机械结构，确保机器人能够精准地移动其臂部、手腕、手指等部件，完成诸如抓取、放置、焊接、喷涂等操作。

4. 高精度与可重复性

工业机器人的一大优势在于其执行任务的高度精确性和一致性，能够在长时间内保持相同的性能水平。这对于保证产品质量至关重要。

5. 灵活性与可编程性

现代工业机器人往往具备高度的灵活性和可编程性，可以通过软件重新编程来适应不同的任务需求。这使得它们能够在多变的生产环境中快速调整角色。

二、工业机器人的分类

（一）按机器人的坐标系分类

按机器人手臂在运动时所取的参考坐标系的类型，机器人可以分为直角坐标机器人、圆柱坐标机器人、球坐标机器人、关节坐标机器人和平面关节机器人。

1. 直角坐标机器人

这种机器人由三个线性关节组成。这三个关节用来确定末端操作器的位置，通常还带有附加的旋转关节，用来确定末端操作器的姿态。这种机器人结构简单、避障性好，但结构庞大、动作范围小、灵活性差。

2. 圆柱坐标机器人

圆柱坐标机器人由 2 个滑动关节和 1 个旋转关节来确定部件的位置，再附加 1 个旋转关节来确定部件的姿态。这种机器人灵活性较直角坐标机器人好，但结构庞大。圆柱坐标机器人工作范围呈圆柱形状，如图 6-1 所示。

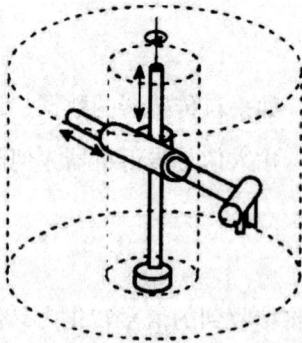

图 6-1　圆柱坐标机器人的工作空间示意图

3. 球坐标机器人

这种机器的 2 个转动驱动装置容易密封，占地面积小，覆盖工作空间较大，结构紧凑，位置精度尚可，但避障性差，有平衡问题。球坐标机器人的工作空间范围呈球冠状，如图 6-2 所示。这种机器人较上述两种机器人结构紧凑，灵活性好，但精度稍差，且避障性差。

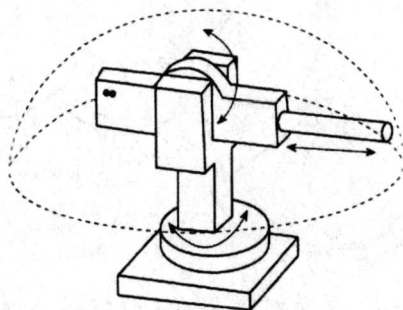

图 6-2　球坐标机器人的工作空间示意图

4. 关节坐标机器人

关节坐标机器人的关节全都是旋转的，类似于人的手臂，是工业机器人中最常见的结构。关节坐标机器人主要由立柱、大臂和小臂组成，如图 6-3 所示。这种机器人工作范围大、动作灵活、避障性好，但位置精度较低、有平衡问题、控制耦合比较复杂，目前应用越来越多。关节坐标机器人的工作范围较为复杂，如图 6-4 所示为 SCROBOT Ⅶ机器人的工作范围。

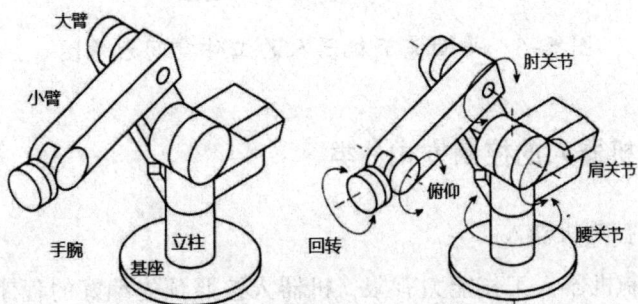

图 6-3　关节坐标机器人示意图

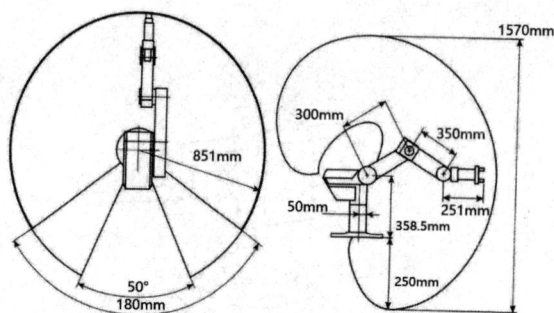

图 6-4 关节机器人的工作空间示意图

5. 平面关节机器人

这种机器人可看成关节坐标机器人的特例，它只有平行的肩关节和肘关节，关节轴线共面。平面关节机器人的工作空间如图 6-5 所示。

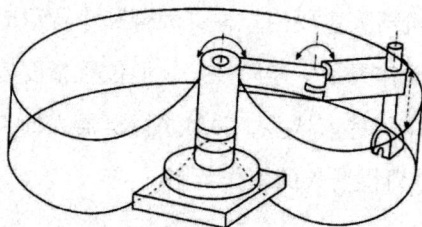

图 6-5 平面关节机器人的工作空间示意图

（二）按机器人的控制方式分类

1. 非伺服控制机器人

非伺服控制机器人工作能力有限，机器人按照预先编好的程序顺序进行工作，使用限位开关、制动器、插销板和定序器来控制机器人的运动。

2. 伺服控制机器人

伺服控制机器人比非伺服控制机器人有更强的工作能力。伺服系统的被控制量可为机器人手部执行装置的位置、速度、加速度和力等。

（三）按自动化功能层次分类

1. 专用机器人

它是以固定程序在固定地点工作的机器人。其动作少、工作对象单一、结构简单、造价低，可在大量生产系统中工作。

2. 通用机器人

它具有独立的控制系统，动作灵活多样，通过改变控制程序能完成多种作业。

3. 示教再现机器人

这是具有记忆功能、能完成复杂动作的机器人。它在由人示教操作后，能按示教的顺序、位置、条件与其他信息反复重现示教作业。

4. 智能机器人

它是具有各种感觉功能和识别功能，能做出决策自动进行反馈纠正的机器人。其采用计算机控制，依赖识别、学习、推理和适应环境等智能活动，决定其行动或作业。

（四）按机器人的机构形式分类

1. 串联机器人

串联机器人是一种由装在固定机架上的开式运动链组成的机器人。所谓开式运动链是指一类不含回路的运动链，简称开链。由构件和运动副串联组成的开链称为单个开式链（Single Opened Chain，SOC），简称单开链。这类开式运动链机构，除应用于机器人、机械手外，还在其他领域如通用夹具、舰船雷达天线、导航陀螺仪等中得到应用。

由开式运动链所组成的机构称为开式链机构，简称开链机构。通常串联式机器人由单开链组成。

2. 并联机器人

并联机器人是一种应用并联机构的机器人。并联机构广泛地应用于运动模拟器、并联机床和工业机器人等领域。由并联机构组成的并联机器人具有结构紧凑、刚度大、运动惯性小、承载能力大、精度高、工作范围广等的优点，能完成串联机器人难以完成的任务。

第二节 工业机器人的结构及驱动系统

一、工业机器人的结构

工业机器人是面向工业领域的多关节机械手或者多自由度机器人。工业机器人的基本组成结构则是实现机器人功能的基础。下面一起来看一下工业机器人的结构组成。工业机器人大部分都是由三大部分和六大系统组成。

（一）工业机器人组成的三大部分

1. 机械部分

机械部分是机器人的"血肉"组成部分，也就是我们常说的机器人本体部分。这部分主要可以分为两个系统。

（1）驱动系统

要使机器人运行起来，需要在各个关节安装传感装置和传动装置，这就是驱动系统。它的作用是提供机器人各部分、各关节动作的原动力。驱动系统传动部分可以是液压传动系统、电动传动系统、气动传动系统，或者是几种系统结合起来的综合传动系统。

（2）机械结构系统

工业机器人机械结构主要由四大部分构成：机身、臂部、腕部和手部，每一部分具有若干的自由度，构成一个多自由度的机械系统。末端操作器是直接安装在手腕上的一个重要部件，它可以是多手指的手爪，也可以是喷漆枪或者焊具等作业工具。

2. 感受部分

感受部分就好比人类的五官，为机器人工作提供感觉，帮助机器人，使其工作过程更加精确。这部分主要可以分为两个系统。

（1）感受系统

感受系统由内部传感器模块和外部传感器模块组成，用于获取内部和外部环境状态中有意义的信息。智能传感器可以提高机器人的机动性、适应性和智能化的水准。对于一些特殊的信息，传感器的灵敏度甚至可以超越人类的感觉系统。

（2）机器人—环境交互系统

机器人—环境交互系统是实现工业机器人与外部环境中的设备相互联系和协调的系统。工业机器人与外部设备集成为一个功能单元，如加工制造单元、焊接单元、装配单元等。也可以是多台机器人、多台机床设备或者多个零件存储装置集成为一个能执行复杂任务的功能单元。

3. 控制部分

控制部分相当于机器人的大脑部分，可以直接或者通过人工对机器人的动作进行控制，控制部分也可以分为两个系统。

（1）人机交互系统

人机交互系统是使操作人员参与机器人控制并与机器人进行联系的装置，计算机的标准终端、指令控制台、信息显示板、危险信号警报器、示教盒等。简单来说该系统可以分为两大部分：指令给定系统和信息显示装置。

（2）控制系统

控制系统主要是根据机器人的作业指令程序，以及从传感器反馈回来的信号支配的执行机构去完成规定的运动和功能。根据控制原理，控制系统可以分为程序控制系统、适应性控制系统和人工智能控制系统三种。根据运动形式，控制系统可以分为点位控制系统和轨迹控制系统两大类。

（二）工业机器人组成的六大系统

1. 驱动系统

驱动系统是使机器人运行起来，须给各个关节即每个运动自由度安置传动装置。提供机器人各部位、各关节动作的原动力。驱动系统可以是液压传动、气动传动、电动传动，或者把它们结合起来应用的综合系统；可以是直接驱动，或者是通过同步带、链条、轮系、谐波齿轮等机械传动机构进行间接驱动。

2. 机械结构系统

（1）机身部分：如同机床的床身结构一样，机器人机身构成机器人的基础支撑。有的机身底部安装有机器人行走机构；有的机身可以绕轴线回转，构成机器人的腰。

（2）手臂部分：分为大臂、小臂和手腕，完成各种动作。

（3）关节：分为滑动关节和转动关节。实现机身、手臂各部分、末端操作器之间的相对运动。

（4）末端操作器：可以是拟人的手掌和手指，也可以是各种作业工具，如焊枪、喷漆枪、气动液压手爪等。

3. 感受系统

感受系统由内部传感器模块和外部传感器模块组成，用以获取内部和外部环境状态中有意义的信息。智能传感器的使用提高了机器人的机动性、适应性和智能化的水准。对于一些特殊的信息，传感器比人类的感受系统更有效。

4. 机器人—环境交互系统

机器人—环境交互系统是实现工业机器人与外部环境中的设备相互联系和协调的系统。工业机器人与外部设备集成为一个功能单元，如加工制造单元、焊接单元、装配单元等；也可以是多台机器人、多台机床或设备、多个零件存储装置等集成为一个去执行复杂任务的功能单元。

5. 人机交互系统

人机交互系统是使操作人员参与机器人控制并与机器人进行联系的装置。该系统归纳起来分为两大类：指令给定装置和信息显示装置。

6. 控制系统

控制系统是根据程序和反馈信息控制机器人动作的中心。分为开环系统和闭环系统。

二、工业机器人的驱动系统

（一）工业机器人对驱动系统的要求

工业机器人作为现代智能制造的关键装备，其性能优劣直接关系到生产效率、产品质量及作业环境的安全性。驱动系统作为机器人功能实现的核心，其设计与选型必须严格满足一系列高标准要求，以确保机器人能够高效、准确、稳定地完成各种复杂任务。

1. 高效轻量化设计

工业机器人的驱动系统须具备结构简单、重量轻的特点，这不仅有利于提高机器人的灵活性和机动性，还能降低能耗，增强其在狭小空间内的作业能力。同时，高功率密度——即单位重量的输出功率，是衡量驱动系统效能的重要指标，直接影响到机器人的负载能力和工作效率。通过采用高性能材料、优化设计及集成化技术，可以有效提升驱动系统的能效比，满足日益增长的节能降耗需求。

2. 快速平滑的响应特性

在快速变化的生产环境中，工业机器人须能够迅速响应控制指令，执行精确到位的动作，且在运动过程中保证平滑无冲击，以减少对机械结构的磨损，延长使用寿命。这一要求促使驱动系统须具备优异的动态响应性能和良好的控制精度，采用如伺服电机配合高级控制系统等先进技术，实现精准的力矩控制和速度调节，确保机器人动作的流畅性与稳定性。

3. 精确控制与低偏差

工业机器人在执行高精度作业时，驱动系统须能实现微米甚至纳米级别的定位精度，且在连续运动中保持速度和位置偏差最小。这要求驱动系统具有高度的可控性和重复定位精度，通过闭环反馈控制、先进的编码器技术和智能算法优化，实现对机器人每一个动作的精确监控与调节，确保加工或装配过程中的高质量标准。

4. 安全可靠，易于维护

在工业应用中，安全是首要原则。驱动系统须设计有完善的安全保护措施，如过载保护、故障诊断与报警系统，确保在异常情况下能及时响应并采取措施，防止事故的发生。同时，驱动系统的模块化设计、易接近的维护接口以及清晰的操作指南，都是为了简化日常维护和故障排查流程，降低停机时间，提高整体系统的可靠性和可用性。

5. 绿色环保

随着全球对可持续发展的重视，工业机器人驱动系统的环保性能也成为重要考量因素。这不仅体现在驱动系统应选用环保材料、减少有害物质排放，还体现在提高能源利用率，减少运营过程中的碳足迹。例如采用高效节能的电机、优化动力传输系统以减少能量损耗，以及开发新型清洁能源驱动技术，都是推动工业机器人向绿色低碳方向发展的重要途径。

综上所述，工业机器人对驱动系统提出的这些高标准要求，既是对当前技术的挑战，也是推动技术创新与产业升级的动力。通过不断的技术革新与优化设计，实现驱动系统的高效、精准、安全与环保，将是未来工业机器人发展的重要趋势。

（二）工业机器人的驱动方式

1. 机械式驱动方式

机械式驱动系统通常采用齿轮、皮带、链轮等机械元件来传递动力和运动。这种驱动方式的优点在于其结构简单、可靠性高，能够在各种恶劣环境下稳定运行，且维护成本相对较低。然而，机械传动系统也存在一些局限性。由于机械部件间的摩擦和间隙，可能导致动作的不平滑性，进而影响机器人的精确度。此外，机械传动系统在高速运动时可能会产生较大的噪声，这不仅会影响工作环境，还可能对机器人的精密部件造成损伤。为了克服这些缺点，现代机械式驱动系统常采用高精度的轴承和先进的润滑技术，以减少摩擦和提高传动效率。

2. 液压驱动方式

液压驱动系统利用液压油作为传递能量的介质，通过液压泵、阀门和执行器等元件实现动力的传递和控制。这种驱动方式能够提供巨大的力量和扭矩，使得液压机器人能够执行重载搬运和强力操作。液压系统的响应速度快，能够实现快速的加速和制动，非常适合需要快速动作的应用场景。然而，液压系统也存在一些缺点，比如系统复杂、维护成本高、对环境的适应性较差。液压油的泄漏也是一个需要关注的问题，因为它不仅会导致能源浪费，还可能对工作环境造成污染。

3. 气动驱动方式

气动驱动系统使用压缩空气作为动力源，通过气动缸、气动马达等元件来实现机器人的运动。气动系统的结构简单，成本较低，且因为空气是可再生资源，所以具有较好的环保性能。气动机器人的动作迅速、反应灵敏，适合于需要快速重复动作的场合。但是，由于空气的可压缩性，气动系统在负载变化时可能会出现力矩波动，影响机器人的稳定性和精度。此外，气动系统的工作压力较低，通常在 0.7MPa 左右，这限制了其在需要较大抓取力的应用中的使用。为了提高气动系统的性能，可以采用多级压缩技术来提高气源压力，或者通过精密的气动控制元件来改善系统的稳定性和响应性。

第三节　工业机器人控制技术及应用

一、工业机器人的控制技术

工业机器人的控制系统是工业机器人的指挥系统。它控制驱动系统使执行机构按照要求工作，因此，控制系统的性能直接影响机器人的整体性能。

工业机器人控制系统的构成形式取决于机器人所要执行的任务及描述任务的层次。

工业机器人是一个多自由度的、本质上非线性的、同时又是耦合的动力学系统。由于其动力学性能的复杂性，实际控制系统中往往要根据机器人所要完成的作业做出若干假设，并简化控制系统。其控制实际上包含"人机接口""命令理解""任务规划""动作规划""轨迹规划生成"和"伺服控制""电流/电压控制"等多个层次。

（一）工业机器人的位置伺服控制

位置控制主要是控制末端操纵器的运动轨迹及其位置，即控制末端操纵器的运动，而末端操纵器的运动又是通过机器人手臂各个关节运动的合成来实现的，因此必须考虑末端操纵器的位置、姿态与各关节位移之间的关系。

机器人的位置伺服控制，基本上可以分为关节伺服控制和坐标伺服控制两种。

1. 关节伺服控制

关节伺服控制主要应用于非直角坐标机器人如关节机器人，机器人每个关节都具有相似的控制回路，每个关节可以独立构成伺服系统。这种关节伺服系统把每一个关节作为单纯的单输入单输出系统来处理，结构简单。但严格来说，每个关节并不是单输入单输出的系统，惯性和速度在关节间存在动态耦合。

2. 坐标伺服控制

将末端位置矢量作为指令目标值所构成的伺服控制系统，成为作业坐标伺服系统。这种伺服控制系统是将机器人手臂末端位置姿态矢量固定于空间内某一个作业坐标系（通常是直角坐标系）来描述的。

（二）工业机器人的力控制

在进行装配或抓取物体等作业时，工业机器人的末端操纵器与环境或作业对象的表面接触，除了要求准确定位之外，还要求使用适当的力或力矩进行工作，这时就要采取力（力矩）控制方式。力（力矩）控制是对位置控制的补充，这种控制方式的控制原理与位置伺服控制原理基本相同，只不过输入量和反馈量不是位置信号，而是力（力矩）信号，因此，系统中需要有力传感器。

（三）工业机器人的速度控制

对工业机器人的运动控制来说，在位置控制的同时，还要进行速度控制。为了实现这一要求，机器人的行程要遵循一定的速度变化曲线。由于工业机器人是一种工作负载多变、惯性负载大的运动机械，要处理好快速与平稳的矛盾，必须控制启动加速和停止前减速这两个过渡运动区段。

（四）工业机器人的先进控制技术

机器人先进控制技术目前应用较多的有自适应控制、模糊控制、神经网络控制等。

1. 机器人示教再现控制

机器人的示教再现控制是指控制系统可以通过示教操纵盒或"手把手"地将动作顺序、运动速度、位置等信息用一定的方法预先教给机器人，由机器人的记忆装置将这些信息自动记录在随机存取存储器（RAM）、磁盘等存储器中，当需要再现时，重放存储器中的信息内容。如须改变作业内容，只须重新示教一次即可。

2. 机器人的运动控制

机器人的运动控制是指在机器人的末端执行器从一点到另一点的过程中，对其位置、速度和加速度的控制。由于机器人末端执行器的位置是由各关节的运动产生的。因此，对其进行运动控制实际上是通过控制关节运动来实现的。

3. 机器人的自适应控制

自适应控制是指机器人依据周围环境所获得的信息来修正对自身的控制。这种控制器配有触觉、听觉、视觉、力、距离等传感器，能够在不完全确定或局部变化的环境中，保持与环境的自动适应，并以各种搜索与自动导引方式执行不同的循环作业。

二、工业机器人的应用

（一）搬运机器人

1. 概述

搬运机器人具有通用性强、工作稳定的优点，且操作简便、功能丰富，逐渐向第三代智能机器人发展。其主要优点有：动作稳定和提高搬运准确性；提高生产效率，解放繁重体力劳动，实现"无人"或"少人"生产；改善工人劳作条件，使其摆脱有毒、有害环境；柔性高、适应性强，可实现多形状、不规则物料搬运；定位准确，保证批量一致性；降低制造成本，提高生产效益。

从结构形式上看，搬运机器人可分为龙门式搬运机器人、悬臂式搬运机器人、侧壁式搬运机器人、摆臂式搬运机器人和关节式搬运机器人。

（1）龙门式搬运机器人

其坐标系主要由 X 轴、Y 轴和 Z 轴组成。其多采用模块化结构，可依据负载位置、大小等选择对应直线运动单元及组合结构形式，可实现大物料、重吨位搬运，采用直角坐标系，编程方便快捷，被广泛运用于生产线转运及机床上下料等大批量生产过程。

（2）悬臂式搬运机器人

其坐标系主要由 X 轴、Y 轴和 Z 轴组成。它也可随不同的应用采取相应的结构形式。悬臂式搬运机器人被广泛运用于卧式机床、立式机床及特定机床内部和冲压机热处理机床自动上下料。

（3）侧壁式搬运机器人

其坐标系主要由 X 轴、Y 轴和 Z 轴组成，也可随不同的应用采取相应的结构形式。侧壁式搬运机器人主要运用于立体库类，如档案自动存取系统、全自动银行保管箱存取系统等。

（4）摆臂式搬运机器人

其坐标系主要由 X 轴、Y 轴和 Z 轴组成。Z 轴的作用主要是升降，也称为主轴。轴的移动主要通过外加滑轨，X 轴末端连接控制器，其绕 X 轴的转动，实现四轴联动。广泛应用于国内外生产厂家，是关节式机器人的理想替代品，但其负载程度相比于关节式机器人小。

（5）关节式搬运机器人

关节式搬运机器人是当今工业产业中常见的机型之一，其拥有 5~6 个轴，行为动作类似于人的手臂，具有结构紧凑、占地空间小、相对工作空间大、自由度高等特点，适用于几乎任何轨迹或角度的工作。

龙门式、悬臂式、侧壁式和摆臂式搬运机器人均在直角式坐标系下作业，其适应范围相对较窄、针对性较强，适合定制专用机来满足特定需求。直角式（桁架式）搬运机器人和关节式机器人在实际运用中的特性包括：①能够实时调节动作节拍、移动速率、末端执行器动作状态。②可更换不同末端执行器以适应物料形状的不同，方便、快捷。③能够与传送带、移动滑轨等辅助设备集成，实现柔性化生产。④占地面积相对小、动作空间大。

2. 搬运机器人的系统组成

搬运机器人是一个完整系统。以关节式搬运机器人为例，其工作站主要由操作机、控制系统、搬运系统（气体发生装置、真空发生装置、手爪等）和安全保护装置组成。

关节式搬运机器人常见的本体有 4~6 轴。六轴搬运机器人本体部分具有回转、抬臂、前伸、手腕旋转、手腕弯曲和手腕扭转六个独立旋转关节，多数情况下五轴搬运机器人略去手腕旋转这一关节，四轴搬运机器人则略去了手腕旋转和手腕弯曲这两个关节运动。

常见的搬运机器人末端执行器有吸附式、夹钳式和仿人式等。

（1）吸附式末端执行器

吸附式末端执行器依据吸力不同可分为气吸附和磁吸附。

①气吸附主要是利用吸盘内压力和大气压之间压力差进行工作，依据压力差可将其分为真空吸盘吸附、气流负压气吸附、挤压排气负压气吸附等。

真空吸盘吸附通过连接真空发生装置和气体发生装置实现抓取与释放工件。工作时，真空发生装置将吸盘与工件之间的空气吸走使其达到真空状态，此时，吸盘内的大气压小于吸盘外大气压，工件在外部压力的作用下被抓取。

气流负压气吸附是利用流体力学原理，通过压缩空气（高压）高速流动带走吸盘内气体（低压）使吸盘内形成负压，同样利用吸盘内外压力差完成取件动作，切断压缩空气随即消除吸盘内负压，完成释放工件动作。

挤压排气负压气吸附是利用吸盘变形和拉杆移动改变吸盘内外部压力完成工件吸取和释放动作。

②磁吸附利用磁力进行吸取工件，常见的磁力吸盘分为永磁吸盘、电磁吸盘、电永磁吸盘等。

永磁吸附是利用磁力线通路的连续性及磁场叠加性而工作，永磁吸盘的磁路为多个磁系，通过磁系之间的相互运动来控制工作磁极面上的磁场强度，进而实现工件的吸附和释放动作。

电磁吸附是利用内部激磁线圈通直流电后产生磁力，而吸附导磁性工件。电永磁吸附是利用永磁磁铁产生磁力，利用激磁线圈对吸力大小进行控制，起到"开、关"作用。磁吸附只能吸附对磁产生感应的物体，故对于要求不能有剩磁的工件无法使用，且磁力受高温影响较大，故在高温下工作亦不能选择磁吸附，所以在使用过程中有一定局限性。常适合要求抓取精度不高且在常温下工作的工件。根据被抓取工件形状、大小及抓取部位的不同，爪面形式常有平滑爪面、齿形爪面和柔性爪面。

平滑爪面——指爪面光滑平整，多数用来加持已加工好的工件表面，保证加工表面无损伤。

齿形爪面——指爪面刻有齿纹，主要目的是增加与加持工件的摩擦力，确保加持稳固可靠，常用于加持表面粗糙毛坯或半成品工件。

柔性爪面——内镶有橡胶、泡沫、石棉等物质，起到增加摩擦、保护已加工工件表面、隔热等作用。柔性爪面多用于加持已加工工件、炽热工件、脆性或薄壁工件等。

（2）夹钳式末端执行器

末端执行器通过手爪的开启闭合实现对工件的夹取，由手爪、驱动机构、传动机构、连接和支撑元件组成，多用于负载重、高温、表面质量不高等吸附式无法进行工作的场合。常见手爪前端形状分 V 形爪、平面形爪、尖形爪等。

①V 形爪，常用于夹持圆柱形工件，其加持稳固可靠，误差相对较小。

②平面形爪，多数用于夹持方形工件（至少有两个平行面如方形包装盒等），厚板形或者短小棒料。

③尖形爪，常用于夹持复杂场合小型工件，避免与周围障碍物相碰撞，也可夹持炽热工件，避免搬运机器人本体受到热损伤。

（3）仿人式末端执行器

仿人式末端执行器是针对特殊外形工件进行抓取的类手爪，主要包括柔性手和多指灵巧手。

①柔性手。柔性手的抓取是多关节柔性手腕，每个手指有多个关节链由摩擦轮和牵引线组成，工作时通过一根牵引线收紧及另一根牵引线放松实现抓取，柔性手抓取不规则、圆形等轻便工件。

②多指灵巧手。多指灵巧手包括多根手指，每根手指都包含三个回转自由度且为独立控制，实现精确操作，被广泛应用于核工业、航天工业等高精度作业。搬运机器人夹钳式、仿人式手爪需要连接相应外部信号控制装置及传感系统，以控制搬运机器人手爪实时的动作状态及力的大小。其手爪驱动方式多为气动、电动和液压驱动，对于轻型和中型的零件采用气动手爪，对于重型的零件采用液压手爪，对于精度要求高或复杂的场合采用伺服手爪。

依据手爪开启闭合状态的传动装置可分为回转型和移动型。

搬运机器人主要包括机器人和搬运系统。机器人由搬运机器人本体及完成搬运路线控制的控制柜组成。而搬运系统末端执行器主要有吸附式、夹钳式和仿人式等形式。

（二）码垛机器人

1. 概述

码垛机器人具有作业高效、码垛稳定等优点，能解放工人的繁重体力劳动，已在各个行业的包装物流线中发挥强大作用。其主要优点有：占地面积少，动作范围大，减少厂源浪费；能耗低，降低运行成本；提高生产效率，解放繁重体力劳动，实现"无人"或"少人"码垛；改善工人劳作条件，摆脱有毒、有害环境；柔性高、适应性强，可实现不同物料码垛，定位准确，稳定性高。

码垛机器人与搬运机器人在本体结构上没有过多区别。通常可认为码垛机器人本体较搬运机器人大，在实际生产当中码垛机器人多为四轴且多数带有辅助连杆，连杆主要起到增加力矩和平衡的作用。码垛机器人多不能进行横向或纵向移动，安装在物流线末端，常见的码垛机器人为关节式码垛机器人、摆臂式码垛机器人和龙门式码垛机器人。

2. 码垛机器人的系统组成

通常码垛机器人主要由操作机、控制系统、码垛系统（气体发生装置、液压发生装置）和安全保护装置组成。

关节式码垛机器人的常见本体多为四轴，亦有五、六轴码垛机器人，但在实际包装码垛物流线中五、六轴码垛机器人相对较少。码垛主要在物流线末端进行工作。四轴码垛机器人足以满足日常码垛。

常见码垛机器人的末端执行器有吸附式、夹板式、抓取式、组合式。

吸附式——在码垛中吸附式末端执行器主要为气吸附，广泛应用于医药、食品、烟酒等行业。

夹板式——夹板式是码垛过程中最常用的一类手爪。常见的有单板式和双板式，主要用于整箱或规则盒码垛，夹板式手爪加持力度较吸附式手爪大，并且两侧板光滑，不会损伤码垛产品外观质量，单板式与双板式的侧板一般都会有可旋转爪钩。

抓取式——抓取式手爪是一种可灵活适应不同形状和内含物的包装袋。

组合式——组合式是通过组合获得各单组手爪优势的一种手爪，灵活性较大，各单组手爪之间既可单独使用又可配合使用，可同时满足多个工位的码垛。

码垛机器人主要包括机器人和码垛系统。机器人由搬运机器人本体及完成码垛排列控制的控制柜组成。

（三）装配机器人

1. 概述

装配机器人是工业生产中用于装配生产线上对零件或部件进行装配的一类工业机器人。作为柔性自动化装配的核心设备具有精度高、工作稳定、柔顺性好、动作迅速等优点。归纳起来，装配机器人的主要优点如下：①操作速度快，加速性能好，缩短工作循环时间。②精度高，具有极高重复定位精度，保证装配精度。③提高生产效率，解放单一繁重体力劳动。④改善工人劳作条件，摆脱有毒、有辐射的装配环境。⑤可靠性好，适应性强，稳定性高。

装配机器人在不同装配生产线上发挥着强大的装配作用，装配机器人大多由4~6轴组成。就目前市场上常见的装配机器人以臂部运动形式分类，可分为直角式装配机器人和关节式装配机器人。

（1）直角式装配机器人

直角式装配机器人称单轴机械手，以 X、Y、Z 直角坐标系统为基本数学模型，整体结构模块化设计，可用于零部件移送、简单插入、旋拧等作业，广泛应用于节能灯装配、电子类产品装配和液晶屏装配等场合。

（2）关节式装配机器人

关节式装配机器人亦分水平串联关节式、垂直串联关节式和并联关节式。

①水平串联关节式装配机器人亦称为平面关节型装配机器人或 SCARA 机器人，是目前装配生产线上应用数量最多的一类装配机器人。它属于精密型装配机器人，具有速度快、精度高、柔性好等特点，驱动多为交流伺服电动机，保证其较高的重复定位精度，广泛运用于电子、机械和轻工业等有关产品的装配，适合工厂柔性化生产需求。

②垂直串联关节式装配机器人有 6 个自由度，可在空间任意位置确定任意位姿，面向对象多为三维空间的任意位置和姿势的作业。

③并联式装配机器人也称拳头机器人、蜘蛛机器人或 Deta 机器人，是一款轻型、结构紧凑高速装配机器人，可安装在任意倾斜角度上，独特的并联机构可

实现快速、敏捷动作且减少了非累积定位误差。其具有小巧高效、安装方便、精准灵敏等优点，广泛运用于 IT、电子装配等领域。

目前在装配领域，并联式装配机器人有两种形式可供选择：三轴手腕（合计六轴）和一轴手腕（合计四轴）。

通常装配机器人本体与搬运、焊接、涂装、装配机器人本体精度制造上有一定的差别，原因在于机器人在完成焊接、涂装作业时，机器人没有与作业对象接触，只须示教机器人运动轨迹即可，而装配机器人须与作业对象直接接触，并进行相应动作。搬运、装配机器人在移动物料时运动轨迹多为开放性，而装配作业是一种约束运动类操作，即装配机器人精度要高于搬运、码垛、焊接和涂装机器人精度。

尽管装配机器人在本体上较其他类型机器人有区别，但在实际运用中无论是直角式装配机器人还是关节式装配机器人都有如下特性：①能够实时调节生产节拍和末端执行器动作状态。②可更换不同末端执行器以适应装配任务的变化，方便、快捷。③能够与零件供给器、输送装置等辅助设备集成，实现柔性化生产。④多带有传感器，如视觉传感器、触觉传感器、力传感器等，以保证装配任务的精准性。

2. 装配机器人的系统组成

装配机器人的装配系统主要由操作机、控制系统、装配系统（手爪、气体发生装置、真空发生装置或电动装置）、传感系统和安全保护装置组成。

目前市场的装配生产线多以关节式装配机器人中的 SCARA 机器人和并联机器人为主，在小型、精密、垂直装配上，SCARA 机器人具有很大优势。随着社会需求的增大和技术的进步，装配机器人行业亦得到迅速发展，多品种、少批量生产方式和为提高产品质量及生产效率的生产工艺需求，成为推动装配机器人发展的直接动力。

装配机器人的末端执行器是夹持工件移动的一种夹具，类似于搬运、码垛机器人的末端执行器。常见的装配执行器有吸附式、夹钳式、专用式和组合式。

（1）吸附式末端执行器在装配中仅占一小部分，广泛应用于电视、录音机、鼠标等轻小物品装配场合。

（2）夹钳式手爪是装配过程中最常用的一类手爪，多采用气动或伺服电动机启动。其闭环控制配备传感器可实现准确控制手爪启动、停止、转速并对外部信号做出准确反应，具有重量轻、出力大、速度高、惯性小、灵敏度强、转动平滑、力矩稳定等特点。

（3）专用式手爪，是在装配中针对某一类装配场合而单独设定的末端执行器，且部分带有磁力。常见的主要是螺钉、螺栓的装配，同样亦多采用气动或伺服电动机驱动。

（4）组合式末端执行器，在装配作业中是通过组合获得各单组手爪优势的一类手爪，灵活性较大。多用在机器人进行相互配合装配时，可节约时间、提高效率。

带有传感系统的装配机器人可更好地完成销、轴、螺钉、螺栓等柔性化装配作业。在其作业中常用到的传感系统有视觉传感系统和触觉传感系统。

①视觉传感系统。配备视觉传感系统的装配机器人可依据需要选择合适装配零件，并进行粗定位和位置补偿，可完成零件平面测量、形状识别等检测。

②触觉传感系统。装配机器人的触觉传感系统主要是时刻检测机器人与被装配物件之间的配合。机器人触觉可分为接触觉、接近觉、压觉、滑觉和力觉五种传感器。在装配机器人进行简单工作过程中常见到的有接触觉、接近觉和力觉等。

A. 接触觉传感器。接触觉传感器一般固定在末端执行器的指端，只有末端执行器与被装配物件相互接触时才起作用。接触觉传感器由微动开关组成。

B. 接近觉传感器。接近觉传感器同样固定在末端执行器的指端，其在末端执行器与被装配物件接触前起作用，能测出执行器与被装配物件之间的距离、相对角度甚至表面性质等，属于非接触式传感器。

C. 力觉传感器。力觉传感器普遍存在于各类机器人中，在装配机器人中力觉传感器不仅存在于末端执行器与环境作用过程中的力测量，而且存在于装配机器人自身运动控制和末端执行器夹持物体的夹持力测量等情况。常见装配机器人力觉传感器分关节力传感器、腕力传感器、指力传感器。

参考文献

[1] 陈本锋. 机械制造与创新设计 [M]. 成都：西南交通大学出版社，2023.

[2] 苏辉. 机械制造加工技术研究 [M]. 长春：吉林科学技术出版社，2023.

[3] 吴文. 机械制造基础实训教程 [M]. 2版. 北京：机械工业出版社，2023.

[4] 杨叔子. 机械工程控制基础 [M]. 武汉：华中科技大学出版社，2023.

[5] 王峻峰，黄斐. 机械工程测控实验教程 [M]. 武汉：华中科技大学出版社，2023.

[6] 庞成立. 现代汽车制造与装配技术研究 [M]. 北京：北京工业大学出版社，2023.

[7] 吴俊飞，付平，王帅. 机械制造基础 [M]. 北京：北京理工大学出版社，2022.

[8] 杜素梅. 机械制造基础 [M]. 北京：机械工业出版社，2022.

[9] 李俊涛. 机械制造技术 [M]. 北京：北京理工大学出版社，2022.

[10] 马晋芳，乔宁宁. 金属材料与机械制造工艺 [M]. 长春：吉林科学技术出版社，2022.

[11] 姜毅，张莉，潘成. 机械制造技术基础 [M]. 北京：北京理工大学出版社，2022.

[12] 李聪波，刘飞，曹华军. 机械加工制造系统能效理论与技术 [M]. 北京：机械工业出版社，2022.

[13] 李占君，王霞. 现代机械制造技术及其应用研究 [M]. 长春：吉林科学技术出版社，2022.

[14] 崔井军，熊安平，刘佳鑫. 机械设计制造及其自动化研究 [M]. 长春：吉林科学技术出版社，2022.

[15] 许兆美，汪通悦. 机械制造技术基础 [M]. 2版. 北京：北京理工大学出版社，2022.

[16] 雷军乐，刘鹏，谭延科. 机械制图 [M]. 长春：吉林科学技术出版社，2022.

[17] 梁延德. 现代机械工程系列精品教材 机械制造基础 [M]. 北京：机械工业出版社，2022.

[18] 单忠德，刘丰，孙启利. 绿色制造工艺与装备 [M]. 北京：机械工业出版社，2022.

[19] 林江. 机械制造基础 [M]. 2 版. 北京：机械工业出版社，2021.

[20] 喻洪平. 机械制造技术基础 [M]. 重庆：重庆大学出版社，2021.

[21] 连潇，曹巨华，李素斌. 机械制造与机电工程 [M]. 汕头：汕头大学出版社，2021.

[22] 张维合. 机械制造技术基础 [M]. 北京：北京理工大学出版社，2021.

[23] 金晓华. 机械制造技术基础 [M]. 北京：机械工业出版社，2021.

[24] 王红军，韩秋实. 机械制造技术基础 [M]. 4 版. 北京：机械工业出版社，2021.

[25] 卞洪元. 机械制造工艺与夹具 [M]. 3 版. 北京：北京理工大学出版社，2021.

[26] 方月，钱小川. 机械原理与制造技术研究 [M]. 哈尔滨：东北林业大学出版社，2021.

[27] 许桂云，袁秋，杨阳. 机械制造基础：智媒体版 [M]. 成都：西南交通大学出版社，2021.

[28] 任小中，薛玉君，钟相强. 先进制造技术 [M]. 北京：机械工业出版社，2021.

[29] 陈明，张光新，向宏. 智能制造导论 [M]. 北京：机械工业出版社，2021.

[30] 李琼砚，路敦民，程朋乐. 智能制造概论 [M]. 北京：机械工业出版社，2021.